R. Haller / J. Götschl, Hrsg.

# Philosophie und Physik

# Wissenschaftstheorie
# Wissenschaft und Philosophie

Herausgegeben von
Prof. Dr. Simon Moser, Karlsruhe
und
Prof. Dr. Siegfried J. Schmidt, Bielefeld

Verlagsredaktion:
Hans-Jürgen Schmidt, Braunschweig

Rudolf Haller

Johann Götschl, Hrsg.

# Philosophie und Physik

Mit Beiträgen von P. Mittelstaedt, I. Supek,
M. Bunge / A. J. Kálnay, K. Baumann, G. Frey,
E. Scheibe, J. Götschl, P. Weingartner,
B. Kanitscheider, H. Schleichert

Vieweg · Braunschweig

Verlagsredaktion: Hans-Jürgen Schmidt

1975



ISBN 978-3-528-08335-9      ISBN 978-3-322-86073-6 (eBook)
DOI 10.1007/978-3-322-86073-6

# Inhalt

# Einleitung

Grundlagenfragen wissenschaftlicher Theorien zählen zu den „nicht leicht" beantwortbaren Problemen, bietet doch bereits ihre Formulierung ein Feld des Disputes, und gelangen erst recht die Lösungsvorschläge nur selten in den Rang generell akzeptierter Annahmen. Natürlich gibt es verschiedene Gründe und Gründe verschiedenen Gewichtes, warum Philosophen und Physiker *gemeinsam* versuchen, bestimmte Fragen zu behandeln. Und es ist nur zu bekannt, daß einige solcher Fragen eher von Physikern und einige eher von Philosophen gestellt werden, ohne daß man sich auf diesem Gebiet über klare Grenzen des wissenschaftlichen Kosmos einig wäre. Aber sicherlich werden einige Probleme von beiden „Seiten" aufgeworfen und dies nicht zuletzt und bisweilen in der Hoffnung, sie auch vereint am ehesten einer Lösung näher bringen zu können. Ob solche Hoffnung rational berechtigt ist, mag hier nicht untersucht werden.

Üblichermaßen wird die Meinung akzeptiert, daß theoretische Probleme selbst auf metatheoretischer Ebene analysiert werden. Aber seit gewisse Elemente der kanonischen Auffassung empirisch-wissenschaftlicher Theorien in zunehmendem Maße bezweifelt werden und entsprechend dem Prinzip 'ab esse ad posse valet illatio' auch bezweifelt werden 'können', fragt es sich, ob eine Charakterisierung des Verhältnisses von Theorie und Metatheorie angemessen ist, die den Objektbereich durch das Zweisprachenmodell empirisch-theoretischer Begriffe abbildbar annimmt. Durch dieses Modell — ganz unabhängig von seinen verschiedenen Ausformungen und Deutungen — sollte ja der semantische Bezug des Geltungsanspruches erfahrungswissenschaftlicher Theorien gesichert und transparent gemacht werden, der für die erklärten Hauptziele der Theorienbildung — nämlich Voraussage und Erklärung von Ereignissen — bedeutsam ist. Die entscheidende Frage dabei ist wohl, inwieweit der empiristische Anspruch irgendeiner Art von Reduktion der theoretischen auf die Begriffe der Beobachtungsebene bzw. einer möglichen Elimination der theoretischen Begriffe im Zuge der Systematisierung, begründet und aufrecht erhalten werden kann[1].

Damit eng zusammen hängt die Frage: inwieweit der Begriffsapparat der theoretischen Sprache semantisch die gleiche oder eine geringere Interpretationsdichte erhält, wie derjenige, der Beobachtungssprache. Der kanonischen Auffassung zufolge stellen freilich die dichotomische Deutung der beiden begrifflichen Ebenen sowie die These ihrer Rückführbarkeit nur die Konsequenz des epistemologischen Systems dar, auf welches die Metatheorie der wissenschaftlichen Forschung projiziert wird und das nicht zuletzt in der Annahme der Dichotomie analytischer und synthetischer Aussagen eine wesentliche Charakteristik findet. Den Einwänden gegen diese Dichotomisierung stehen

---

[1] Cf. *C. G. Hempel,* "The Theoretician's Dilemma", in: *Feigl, H., Scriven, M.,* and *Maxwell Grover,* (editors) Minnesota Studies in the Philosophy of Science. Vol. II (1958). Wieder abgedruckt in: *Hempel, C. G.,* Aspects of Scientific Explanations, N.Y. 1965, pp. 173—226. Siehe neuestens die ausgezeichnete Analyse von *R. Tuomela,* Theoretical Concepts, Wien—New York 1973.

die Kant folgenden Versuche gegenüber, erfahrungswissenschaftliche Aussagen durch
synthetische Urteile a priori zu interpretieren oder sie konstruktiv zu 'hintergehen',
während im Grunde kein Vertreter irgendeiner Form einer empirischen Deutung die Auszeichnung der Beobachtungssprache als semantisches Instrument von Erkenntnissen a
posteriori unterlassen kann. Die Berechtigung solcher Auszeichnung zeigt sich allerdings
auch im rationalistischen Modell einer strikt theoriebestimmten und theorieabhängigen
Beobachtung, die ja letztlich mit dem gleichen Instrumentarium überprüft wird, wie es
die kanonische Auffassung für die erkenntnismäßige Erfassung empirischer Phänomene
behauptet und analysiert hatte. Mit anderen Worten (und hier nicht auszuführen): allein
ein Beweis der Notwendigkeit theoretischer Begriffe aus *logischen* Gründen scheint bisher
nicht erbracht worden zu sein, gleichgültig ob man an ihre Unentbehrlichkeit glaubt oder
nicht und gleichgültig auch, wie man das Problem des Wechsels oder Wandels theoretischer
Begriffe im Rahmen eines Theorievergleiches beurteilt.[1]).

Es ist bekanntlich günstig, den extralogischen Wert einer Analyse an möglichen alternativen Wertverläufen zu messen. Jedoch was günstig ist, muß nicht beachtet
werden. Die Vernachlässigung gerade dieses Gesichtspunktes war nicht zuletzt einer der
Gründe, warum die kanonische Auffassung wissenschaftlicher Theorien, die ja empiristischen und nicht positivistischen Ursprungs ist, dem unleugbaren wenngleich nicht einfach
zu erklärenden Faktum der Veränderung systematisch relevanter Begriffe und des Wandels
von Theorien kaum oder keine Beachtung schenkte. Der tiefere Grund liegt, das hat man
meist übersehen, in den Deutungen der akzeptierten Ockhamschen Devise, denen zufolge
allein durch Postulierung von Möglichkeiten eine unerlaubte Erweiterung des Bezugs-
bereiches droht. Denn natürlich stellen Aussagen über das, was der Fall sein könnte, über
Ereignisse, die möglich sind, in gewisser Hinsicht auch existentiell quantifizierbare Behauptungen dar und präsupponieren jedenfalls unter einer Interpretation auch diese
Möglichkeiten. Während doch die wirkliche Welt unter allen möglichen Welten nur immer
*einen* Bezugsbereich zulassen sollte. Der vieldiskutierte Bedeutungswandel theorierelevanter
Ausdrücke, d.h. die Änderung der Bedeutung eines Terminus innerhalb des Wandels einer
Theorie zu ihrer eigenen Nachfolgetheorie, betrifft, so meinen einige, nicht nur den systematischen Gehalt der Ausdrücke, sondern auch den Bereich, auf den wir uns mittels dieser
Ausdrücke beziehen. Aber auch hier, so möchte es scheinen, kann ein Vergleich der Reichweite verschiedener Theorien überhaupt nur unter der Voraussetzung erfolgen, daß der
Bezugsbereich bestimmbar ist. Und so drückt sich auch bei zahlreichen anderen Problemen
der metatheoretischen Behandlung physikalischer Theorien das Bedürfnis aus, die Semantik
der theorierelevanten Begriffe zu verdeutlichen, denn nur auf diesem Wege und der
Klärung des metatheoretischen Apparates ist eine befriedigende Antwort auf die Frage
nach der Struktur physikalischer Theorien zu erwarten.

Bei der Rekonstruktion von Elementen der naturwissenschaftlichen For-
schungspragmatik und Theorien wird natürlich nicht jeder beliebige Begriff einer philo-
sophisch-wissenschaftstheoretischen Analyse unterworfen. Vielmehr konzentriert man
sich vorerst einmal auf jene Begriffe (z. B. „Energie", „Feld", „Elektron" usw.) und

---

[1]) Cf. *R. Tuomela,* op. cit., pp. 162 ff.

Forschungselemente (z. B. Definitionen), die die einzelwissenschaftliche Forschung beherrschen und in Spannung halten. Daß hierbei den Perspektiven des Empirismus und Operationalismus bei der Analyse von physikalischen Systemen und Theorien große Bedeutung zukommt, kann und soll auch nicht in Frage gestellt werden. Auf der anderen Seite führt gerade das Hinausgehen und die Erweiterung dieser beiden Erkenntnismodelle dazu, sich um eine neuerliche und andersgeartete Reflexion über die in der Physik verwendete Wissenschaftssprache zu bemühen; und dies derart, daß man auch der komplexeren Struktur der moderneren Physik gerecht werden kann. Ist die Einsicht in die komplexere Struktur mit der Einsicht verbunden, wonach a-priorische und a-posteriorische Elemente beim Aufbau wie auch innerhalb von vorliegenden Theorien in einer neuen Weise zusammenspielen? Und wie kann man sich diesem Aspekt nähern? Hier konnten wissenschaftstheoretische Untersuchungen schon zeigen, daß es z. B. kein rationales Verfahren gibt, um von Erfahrungsaussagen zu physikalischen Theorien und Erkenntnissen zu gelangen.

Bei Berücksichtigung der Tatsache, daß die physikalische Theorienbildung und Theorienentfaltung von den formallogischen und mathematischen Möglichkeiten mitbestimmt ist, ist der Aspekt besonders zu beachten, daß den in Strukturen liegenden physikalischen Grundbegriffen gewisse Methoden ihrer Definition zugrundeliegen. Oder anders ausgedrückt: für die physikalischen Grundbegriffe kann nach den korrelativen Methoden ihrer Definition gesucht werden. An dieser Stelle gilt es, über den Empirismus und Operationalismus hinauszugehen: die Methoden zur Definition von Grundbegriffen physikalischer Systeme erweisen sich als inhaltliche Operationen, die selbst wiederum genauso wie die Theorien auf die Erfahrung bezogen sind und damit relationale und relative Geltung haben. Inwieweit eine verbesserte Erfassung der operativ-methodischen Voraussetzungen der Begriffsgewinnung und der Methoden der Definition auf eine komplexere Handlungstheorie zurückgreifen muß, sei hier nicht weiter verfolgt.

Diese perspektivisch erweiterten und vertieften Zugänge zu Struktur und Aufbau von theoretischen Systemen, führen in der Folge zu neuen Einsichten bezüglich der Zusammenhänge aufeinanderfolgender und einander verdrängender Theorien. Insbesondere die Analyse der Relationen zwischen physikalischen und mathematischen Strukturen einerseits und das Interpretationsproblem andererseits zeigen sehr deutlich, daß einige viel diskutierte Unterschiede zwischen Quantenphysik und klassischer Physik einer Revision bedürftig sind; hierbei ist für die Gewinnung der Interpretationsbasis eine Entscheidung z. B. im Sinne des Empirismus oder Operationalismus gefordert. Eine besondere Bedeutung kommt der durch die Analyse beider Theorien gewonnenen Erkenntnis zu, wonach zwischen beiden Theorien weder entscheidende mathematische noch epistemologische Unterschiede bestehen.

Die philosophischen Implikationen derartiger Analysen sind damit offengelegt und weisen den Weg weiteren Forschens: über die wissenschaftstheoretische Präzisierung und Verbesserung der begrifflichen Instrumentarien (z. B. Begriffe wie „Theorie", „Widerspruch", „inhaltliche Inkommensurabilität", „Vergleichbarkeit", „Bedeutungsvarianz", „reduktive Konsistenz" usw.), von Theorien werden u. a. die falsifikatorischen Methodologien neu zu überdenken sein.

Die philosophisch rekonstruktive Analyse zeigt, daß der Aufbau physikalischer Theorien in mannigfacher Weise gesehen werden kann und auch muß, so etwa hinsichtlich der beiden vorerst zu unterscheidenden Fragen, welche Rolle der Logik in der Theorienbildung zukommt und wie, bzw. wo innerhalb vorliegender Theorien die Logik wirksam ist. Weiters ist zu beachten, daß für den Aufbau einer mathematischen Theorie gewisse Grundbegriffe, Definitionen und Axiome genügen, während für physikalische Theorien ein weiterer Bestandteil, nämlich der der Erfahrung, nötig ist. Die physikalische Begriffs- und Theoriebildung wird somit eine permanente und operative Überlagerung mit den Strukturschemata darstellen, insofern ja nicht jeder Begriff sofort eine definitorische Charakterisierung im Strukturschema erhalten wird. Um nun in die Funktion der Logik der physikalischen Erkenntnis einzudringen, muß von den zwischen logischen, mathematischen und physikalischen Gesetzen bestehenden Beziehungen ausgegangen werden.

Die logischen Gesetze gelten als invariant gegenüber Transformationen in der Menge aller möglichen Welten. Die Gesetze der Mathematik haben einen beschränkteren Geltungsbereich, nämlich den der Unterklasse der möglichen Welten und die Gesetze der Physik wiederum können als gültige Unterklasse derjenigen Welten gelten, in denen die Gesetze der Mathematik gelten; diese Unterklasse enthält aber weit mehr mögliche Welten, die sich von unserer Welt nur durch Abänderung der Randbedingungen unterscheiden. Die Komplexität des Universums wird der enormen Komplexität der Anfangs- und Randbedingungen zugeschrieben, die nicht im Bereich mathematischer Behandlung liegen. Hier tut sich die Notwendigkeit auf, die physikalischen Gesetze zu analysieren, um zu einem allgemeineren Begriff des physikalischen Gesetzes und der Gesetzesartigkeit zu gelangen. Auch das Bemühen der physikalischen Kosmologie setzt hier ein, Struktur und Genese des Universums gesetzesartig abzubilden, also auch jene Voraussetzungen und Bedingungen ausfindig zu machen, die es gestatten, gewisse physikalische Gesetze auf das ganze Universum anzuwenden. Die Unterschiede von lokalen und globalen Abhängigkeiten des Universums verlangen die Verwendung ergänzender Postulate, welche eine erweiterte Anwendbarkeit von Gesetzen möglich machen. Vor allem die generellen Charakteristika der Allgemeinen Relativitätstheorie geben Hinweise auf erweiterte Möglichkeiten der Anwendbarkeit von Gesetzen, wenn auch diese Extrapolation der Gesetze auf immer größere Gültigkeitsbereiche auf gewisse Schwierigkeiten stößt. Es liegen aber metatheoretische Konzeptionen vor, die bei der methodischen Auseinandersetzung von deduktiver und extrapolativer Vorgangsweise die Priorität der kosmischen Beziehungen gegenüber lokalen Gesetzen unterstützen.

Man hat oft versucht, die wesentlichen Eigenschaften naturwissenschaftlicher Forschung und Theorien *nicht* in ihrer Fähigkeit zu sehen, zu Behauptungen über bestimmte Aspekte der Realität, d.h. der wirklichen Welt zu gelangen, sondern naturwissenschaftliche Theorien instrumental zu deuten und die Frage nach ihrem Bezug als irrelevant oder nicht zureichend begründbar beiseite zu legen[1]. Und natürlich lassen sich so umfassende Fragen besser behandeln, wenn sie unter einer bestimmten Perspektive gestellt werden. Was liegt näher als auf Kernbegriffe interwissenschaftlicher Theorien zu

---

[1] *E. Nagel*, The Structure of Science, New York 1961, pp. 106–152.

rekurrieren und die Begriffe der Gesetzartigkeit wie der wissenschaftlichen Erklärung unter dieser Perspektive zu untersuchen?

Diese Aufgabe umgrenzt die Beiträge zu dem Kolloquium „Philosophie und Physik", das am 29. und 30. Juni 1973 von der Lehrkanzel für Philosophische Grundlagenforschung am Philosophischen Institut der Universität Graz gemeinsam mit der Vereinigung für wissenschaftliche Grundlagenforschung in Graz veranstaltet wurde.

Die meisten Beiträge wurden für den Druck überarbeitet. Das Referat von M. Bunge, der an der Teilnahme verhindert war, wird hier in einer deutschen Fassung vorgelegt.

Dieses Kolloquium wurde vom Bundesministerium für Wissenschaft und Forschung, von den Kulturabteilungen des Landes Steiermark und der Landeshauptstadt Graz, sowie der Steiermarkischen Sparkasse finanziell gefördert. Die Veranstalter und die Herausgeber dieses Bandes sind für diese Unterstützung zu besonderem Dank verpflichtet. Für die Betreuung der Manuskripte sowie für wertvolle Hilfe danken die Herausgeber Frau Helga Michelitsch.

*R. Haller* und *J. Götschl*

# Erfahrung und Erkenntnis a priori in der Physik

Peter Mittelstaedt, Universität Köln

### Einleitung

Das Wissen der heutigen Physik läßt sich — jedenfalls zu einem gewissen
Teil — in Theorien zusammenfassen, die ihrerseits auf wenige Axiome oder Prinzipien
reduziert werden können, aus denen sich dann die einzelnen physikalischen Sätze
deduzieren lassen. Ich möchte mich in meinem heutigen Vortrag auf diesen theoretisch
erfaßten und bearbeiteten Teil des physikalischen Wissens beschränken und die gewissermaßen amorphen, noch nicht theoretisch aufgearbeiteten Kenntnisse aus der weiteren
Betrachtung ausklammern. Die im Rahmen dieses theoretisch strukturierten Wissens auftretenden Theoreme sind dann — so wünschen wir uns das jedenfalls — alle in Übereinstimmung mit der sogenannten Erfahrung oder, genauer gesagt, sie widersprechen dieser
Erfahrung nicht. Die in diesem Sinne richtigen Sätze und Theorien der heutigen Physik
sollen den Gegenstand der folgenden Überlegungen darstellen.

Die empirische Richtigkeit der Theoreme der Physik läßt jedoch nicht mehr
erkennen, woher solche Sätze eigentlich gewußt werden. Das universell anwendbare
Kriterium der empirischen Verifikation bzw. Falsifikation verschleiert vielmehr den komplexen Begründungszusammenhang, in dem solche Sätze tatsächlich stehen. Den Wissen-
schaftstheoretiker wird es aber interessieren zu wissen, ob die heutige Physik als eine
empirische Wissenschaft angesehen werden kann, oder ob in ihr Erkenntnisse verarbeitet
sind, über die man bereits vor aller Erfahrung — d.h. *a priori* verfügt. Ein wichtiger Gesichtspunkt, der eine derartige Untersuchung motiviert, ist der möglicherweise unterschiedliche Grad von Sicherheit und Beständigkeit, der diesen beiden Komponenten
unseres Wissens von der Natur zukommt.

Ich habe in diesen einleitenden Bemerkungen bisher den Terminus *a priori*
bewußt in einer nur ungenau umrissenen Form verwendet. Im Rahmen dieses Vorver-
ständnisses bedeutet die Feststellung, daß ein bestimmter Satz a priori gültig ist, nicht
mehr, als daß er unabhängig von aller und vor aller Erfahrung gewußt werden kann.
Es wird eine der Aufgaben der folgenden Überlegungen sein, genau zu sagen, was unter
dem Terminus a priori in der Vergangenheit verstanden worden ist, und was man im
Hinblick auf die moderne Physik sinnvoll damit meinen kann. Erst dann wird die Frage
angreifbar sein, ob und in welchem Umfang eine Zerlegung unseres heutigen physikalischen Wissens in die beiden Komponenten Erfahrung und Apriori möglich ist.

## 1. Kant und das Problem der synthetischen Urteile a priori

Historisch gesehen ist die Frage, ob die Physik — oder allgemeiner: die Naturwissenschaft — a priori gültige Sätze enthält, in systematischer Form erstmals bei Kant
untersucht worden. Kant hat auch die Fragestellung in einer für alle weiteren Unter-

suchungen vorteilhaften Weise präzisiert, indem er die Unterscheidung der a priori Sätze in analytische und synthetische einführte und dadurch den trivialen Teil des Problems abspaltete. Ein Satz, der a priori gültig ist, wird als analytisch bezeichnet, wenn er mit Hilfe logischer Sätze aus den Definitionen der verwendeten Begriffe gefolgert werden kann. Kant sieht daher auch das eigentliche Problem in der Frage: *Wie sind synthetische Urteile a priori möglich.* Diese synthetischen Sätze a priori bestehen nach Kant in der *reinen Mathematik* und in gewissen allgemeinen Prinzipien der Naturwissenschaft, die als *reine Naturwissenschaft* bezeichnet werden. Vermutlich sollte man in einer konsequenten Interpretation die von Kant an keiner Stelle erwähnten Grundsätze der Logik auch zu den synthetischen Sätzen a priori rechnen. Für das hier zur Diskussion stehende Problem, ob nämlich die Physik synthetische Urteile a priori enthält, ist es zweckmäßig, die Mathematik aus der weiteren Betrachtung auszuklammern.

Das für die Physik interessante Problem reduziert sich daher auf die Frage, wie *reine Naturwissenschaft* möglich ist. Kant hat zur Beantwortung *dieser* Frage ein Modell des Erkenntnisvorgangs skizziert, innerhalb dessen es synthetische Sätze a priori gibt, deren Gültigkeit sich aber nur für *Gegenstände der Erfahrung* beweisen läßt. Als Beispiele seien der Substanzerhaltungssatz und das Kausalgesetz genannt. Der Beweis der Gültigkeit solcher synthetischer Urteile a priori ist kompliziert und verwendet Beweismittel, die dem inhaltlichen Denken wenig vertraut sind. Die Bedeutung der Kantschen Beweisskizze ist daher auch oft mißverstanden und überschätzt worden, was dann in einer entgegengesetzten Reaktion teilweise zu einer völligen Leugnung der synthetischen Urteile a priori geführt hat, wie etwa im logischen Empirismus der Gegenwart, auf den ich noch zu sprechen komme.

Wegen der Bedeutung für die folgenden Überlegungen möchte ich das Kantsche Modell kurz skizzieren. Die Gesamtheit der Wahrnehmungen wird nach bestimmten Regeln, Prinzipien und Schemata geordnet und interpretiert. Es entstehen so in Raum und Zeit angeordnete Wahrnehmungskomplexe, die Kant als *Gegenstände der Erfahrung* oder als *Dinge* bezeichnet. So wird etwa durch die Kategorie der Kausalität die zeitliche Reihenfolge einer größeren Zahl von Ereignissen festgelegt, während die Kategorie der Substanz die Beobachtungsdaten als Eigenschaften eines Objekts interpretiert, die sich zeitlich verändern können. Erst durch die Anwendung dieser beiden Gesichtspunkte entstehen in der Erfahrung *Dinge*, d. h. *individualisierbare und durchgängig bestimmte Objekte.* In diesem Sinne sind die Kategorien der Substanz und der Kausalität konstitutiv für die Erfahrung, genauer gesagt für die sog. Gegenstände der Erfahrung.

Bezeichnet man mit $\{x\} = M$ eine Menge von nicht näher spezifizierten Wahrnehmungsinhalten, und mit $\{x\}_E = M_E$ die echte Untermenge der Gegenstände der Erfahrung, dann sind die synthetischen Urteile a priori Sätze $A(x)$ einer auf $M$ bezogenen Objektsprache, die für alle „Gegenstände" gelten. Da nämlich Objekte dieser Art nur durch bestimmte Operationen entstehen können, so werden gewisse Eigenschaften, die eben durch diese Operationen hervorgerufen werden, d. h. die aus den für „Gegenstände" konstitutiven Prinzipien folgen, *notwendig* den Gegenständen der Erfahrung zukommen. Man gelangt so zu (metasprachlichen) Sätzen der folgenden Struktur: Wenn in der Erfahrung „Dinge", d. h. Objekte $x \in M_E$ auftreten, dann besitzen sie die Eigenschaft $A(x)$. Die Merkmale, an denen man Dinge erkennen kann, sind etwa die Individualität und die

Objektivität. Sätze die dann *notwendig* gelten sind das Kausalprinzip und der Substanzerhaltungssatz. Dieser Beweisgang läßt sofort erkennen, daß die Gültigkeit der in Frage
stehenden synthetischen Urteile a priori *nur* für Gegenstände gezeigt ist. Andere Wahr-
nehmungsinhalte werden von Kant nicht diskutiert.

Synthetische Urteile a priori sind also Sätze $A(x)$, deren Gültigkeit für Gegenstände $x \in M_E$ der Erfahrung bewiesen werden kann. Sie gelten daher in Bezug auf einen
vorgegebenen Erfahrungsbegriff *allgemein* und *notwendig*. Sie unterscheiden sich von den
analytischen Urteilen dadurch, daß der Beweis eines Satzes $A(x)$ nicht allein auf der
Definition des Prädikats $A$ beruht, sondern darüber hinaus Konsequenzen verwendet,
die sich aus den für die Objekte $x$ konstitutiven Regeln ergeben. Diese Beweismittel
verdeutlichen auch, daß synthetische Urteile a priori *keine denknotwendigen, voraussetzungslosen* Erkenntnisse sind. Die Deduktion eines solchen Satzes aus den Bedingungen der Möglichkeit der Erfahrung setzt vielmehr voraus, daß eine entsprechende Erfahrung tatsächlich vorliegt.

## 2.    Logischer Empirismus und operativer Apriorismus

Kant hat als Merkmale, an denen man die synthetischen Urteile a priori erkennen kann, deren *Allgemeingültigkeit* und *Notwendigkeit* angegeben. Diese Kriterien
sind besonders von Naturwissenschaftlern in dem Sinne mißverstanden worden, daß es
sich bei den synthetischen Urteilen a priori um *voraussetzungslos immer gültige* Aussagen
über die Wirklichkeit handelt. Eine derartige Interpretation ist aber offensichtlich immer
der Gefahr ausgesetzt, mit empirisch gewonnenen Resultaten in Widerspruch zu geraten.
Diese Möglichkeit hat schon *Gauss* gesehen und daher vorgeschlagen, die empirische
Gültigkeit der euklidischen Geometrie im Vergleich zu den nichteuklidischen Geometrien
durch Messungen zu überprüfen. Zu einer wirklichen *Konfrontation* zwischen den *empirischen Wissenschaften* und den von Kant behaupteten *synthetischen Sätzen a priori* ist
es dann allerdings erst in der Einsteinschen Relativitätstheorie gekommen. Weder ließ
sich die von Kant behauptete *Einheit der Zeit* im Sinne einer einheitlich feststehenden
zeitlichen Reihenfolge von Ereignissen empirisch aufrechterhalten, noch erwies sich die
*euklidische Geometrie* für große Dimensionen als empirisch richtig. Eine ähnliche Situation wurde später in der Quantentheorie angetroffen, in der sich weder das *Kausalprinzip*
noch der *Substanzerhaltungssatz* empirisch bestätigen ließ.

Die in den Erfahrungswissenschaften aufgetretenen Zweifel an der Gültigkeit
der synthetischen Urteile a priori wurden philosophisch unterstützt durch den *modernen
logischen Empirismus*. Die radikale Beschränkung auf das rein Empirische führte zu einer
völligen Leugnung der Möglichkeit eines synthetischen a priori — allerdings mit Ausnahme der Logik. — Das wichtigste formale Hilfsmittel des Empirismus, die moderne
mathematische Logik, ließ darüber hinaus nur schwer erkennen, worin ein *logisch* relevanter
Unterschied zwischen synthetischen und analytischen Sätzen a priori bestehen könnte. Da
es nicht zwei Arten von Wahrheit gibt, und ein theoretischer Satz — und nur um solche
handelt es sich hier — in einem Formalismus höchstens ableitbar oder unableitbar sein
kann, ist zunächst nicht zu sehen, worin darüber hinaus ein Unterschied wahrer, d. h.
ableitbarer Sätze bestehen könnte. Auf die oben angedeutete Möglichkeit, wahre Sätze

hinsichtlich der verwendeten Beweismittel und der jeweiligen Sprachschichten zu unterscheiden, sind die Vertreter des logischen Empirismus in diesem Zusammenhang nicht eingegangen.

Auf der gleichen, verabsolutierenden Interpretation des synthetischen Apriori, die Sätze dieser Art als *voraussetzungslose Erkenntnisse* über die Wirklichkeit deutet, und die den Empirismus zu seiner radikalen Ablehnung des synthetischen Apriori gebracht hat, — basiert auch eine völlig entgegengesetzte philosophische Richtung, die ich hier als *operativen Apriorismus* bezeichnen möchte. Dieser Operationalismus geht zurück auf *Hugo Dingler,* der versucht hat, etwa die Grundbegriffe der euklidischen Geometrie durch Konstruktionsvorschriften, die jedenfalls im Prinzip die Herstellung z. B. einer Ebene ermöglichen sollen, zu definieren, so daß die Axiome der Geometrie dann als Sätze erscheinen, die sich auf Grund dieser operativen Definition, d. h. der *Konstruktionsvorschriften,* beweisen lassen. Dingler glaubte durch diese Methode der operativen Definition die von Kant nur angedeutete Begründung der Geometrie konkretisiert zu haben und damit zugleich ein *absolutes* und *nicht mehr hintergehbares* theoretisches Fundament aller Erfahrungswissenschaften gefunden zu haben.

Die von Dingler nur angedeuteten Überlegungen sind in neuerer Zeit von Lorenzen[1,2] formalisiert und ausgebaut worden. *Lorenzen* und kürzlich auch *Janich*[3] haben darüber hinaus versucht, weitere Grundbegriffe der Physik, z. B. die Zeit durch operative Definitionen zu definieren um auf diese Weise etwa eine *a priori gültige Chronometrie* zu erhalten, die dann ebenso wie die euklidische Geometrie mit dem Anspruch voraussetzungsloser Wahrheit als Grundlage jeder theoretischen Physik gelten kann. Abgesehen von den technisch-formalen Problemen dieser Chronometrie sind die Bemühungen des operativen Apriorismus insgesamt dem Einwand ausgesetzt, daß die angeblich voraussetzungslosen Sätze, die sich aus den operativen Definitionen beweisen lassen, in Wahrheit von Bedingungen abhängen, die im Rahmen dieser Überlegungen nicht reflektiert werden: *den Bedingungen der Möglichkeit der Durchführung der operativen Konstruktionen.* Es bleibt daher der Verdacht bestehen, daß diese Bedingungen der Möglichkeit operativen Konstruierens logisch äquivalent sind zu der Behauptung der Gültigkeit jedenfalls einiger Sätze, die sich aus eben diesen operativen Definitionen beweisen lassen. Es ist offensichtlich, daß der operative Apriorismus diesem Einwand wegen seines über Kant hinausgehenden Anspruchs auf eine voraussetzungslos gültige Theorie der Wirklichkeit ausgesetzt ist.


### 3.        Synthetische Sätze a priori in der Physik

Nach diesen, mehr vorbereitenden Betrachtungen ist nunmehr das Hauptproblem dieses Vortrags, nämlich die Frage, ob und in welchem Sinne die konkrete,

---

[1] *P. Lorenzen,* Das Begründungsproblem der Geometrie als Wissenschaft der räumlichen Ordnung, in: Methodisches Denken, Suhrkamp-Verlag Frankfurt/M. 1968.

[2] *P. Lorenzen,* Wie ist die Objektivität der Physik möglich? in: Methodisches Denken, Suhrkamp-Verlag, Frankfurt/M. 1968.

[3] *P. Janich,* Die Protophysik der Zeit, Bibliographisches Institut Mannheim 1969.

gegenwärtig tatsächlich vorliegende Physik synthetische Sätze a priori enthält, angreifbar geworden. Die Beantwortung erfordert allerdings trotz der schon durchgeführten Überlegungen eine erneute systematische Untersuchung, weil die wirklich vorhandene Physik keinem der drei vorgetragenen Erkenntnismodelle genau entspricht. Die moderne Physik ist weder nach den methodischen Vorstellungen des *Empirismus* noch nach denen des *Operationalismus* aufgebaut, sondern besitzt eine sehr viel komplexere Struktur, von der die beiden methodologischen Modelle jeweils nur einen Aspekt erfassen. Auch das *Kantsche Erkenntnismodell* ist, — wie etwa die Ungültigkeit zahlreicher a priori-Aussagen in der Quantentheorie zeigt, nur bei einer sehr behutsamen Interpretation mit der modernen Physik verträglich, und erfaßt auch dann nicht alle wichtigen Zusammenhänge[1]).

Der wesentliche Unterschied zwischen einer Analyse, die der komplexen Struktur der heutigen Physik möglichst weitgehend gerecht wird, und den bisher erörterten Erkenntnismodellen, ist eine explizite Reflexion auf die in der Physik verwendete *Wissenschaftssprache.* Die Untersuchung dieser Sprache konzentriert sich dabei vor allem auf die Methoden der Definition der Grundbegriffe. Kant hat in seinem Erkenntnismodell die verstandesmäßigen Voraussetzungen der Erfahrung, d. h. *die Kategorien* untersucht, ohne dabei auf diejenigen Bedingungen zu reflektieren, die überhaupt erst ein Sprechen über Erfahrung in wissenschaftlichen Termini möglich machen. Daher lassen sich die Kantschen Überlegungen zwar in einem gewissen Umfang aufrechterhalten, sie werden sich aber in eine viel umfassendere Analyse der sprachlichen Bedingungen der Möglichkeit einer wissenschaftlichen Physik einordnen lassen müssen, und dadurch auch ihre scheinbare Voraussetzungslosigkeit verlieren. Die Wichtigkeit einer genauen Untersuchung der wissenschaftlichen Sprache als Voraussetzung einer Strukturuntersuchung der Wissenschaft selbst ist zwar von den Vertretern des *logischen Empirismus* und des *operativen Apriorismus* sehr deutlich gesehen worden. Sie haben jedoch ihrerseits das für alle weiteren Überlegungen fundamentale Phänomen übersehen, daß die Methoden zur Definition eines Begriffs als materiell realisierbare Operationen selbst auf die Erfahrung rückbezogen sind. Auf diese Weise enthalten die *Bedingungen der Möglichkeit einer wissenschaftlichen Sprache,* die zur Formulierung empirischer Zusammenhänge geeignet ist, selbst schon ein *empirisches Element.*

Aus diesen Bemerkungen geht hervor, daß der systematische Aufbau einer wissenschaftlichen Physik mit der Konstruktion derjenigen Sprache zu beginnen hat, in der dann die eigentliche Wissenschaft formuliert werden soll. Bereits ehe eine in wissenschaftlichen Termini formulierte Erfahrung vorliegt, gibt es eine aus nur ungenau umrissenen Eindrücken bestehende und mit Hilfe der Umgangssprache formulierte Erfahrung, die als *vorwissenschaftliche Erfahrung* bezeichnet werden soll. Es handelt sich dabei um qualitative Kenntnisse der uns umgebenden Wirklichkeit, auf Grund deren gewisse Handlungen als möglich erscheinen. Solche Handlungen bzw. *Handlungsanweisungen* stehen insofern am Anfang der wissenschaftlichen Sprache, als durch sie die Grundbegriffe dieser Sprache operativ definiert werden. Dabei geschieht die Konstruktion dieser Grundbegriffe

---

[1]) *P. Mittelstaedt,* Philosphische Probleme der modernen Physik, IV Aufl. 1972, Bibliographisches Institut Mannheim

durch *Vorgänge*, die im Kontext der vollständigen Theorie auch als *Meßverfahren* für
diesen Begriff bezeichnet werden. Ich möchte hier die einen Begriff operativ definieren-
den Verfahren als *primäre Meßvorgänge* bezeichnen.

Die Handlungsanweisungen für die operativen Definitionen eines Grundbegriffs
regeln dessen Verwendung im Rahmen der Formalsprache, die mit solchen Begriffen aufgebaut ist. Die Sätze und Vorschriften zum Gebrauch der Grundbegriffe, die sich auf diese
Weise herleiten lassen, gelten offensichtlich schon bevor irgendeine Erfahrung im Rahmen
der noch aufzubauenden Wissenschaft gemacht ist, d. h. *a priori*. Die Gesamtheit dieser
Regeln bildet die *a priori gültige Syntax* der Wissenschaftssprache, in der Erfahrungen
überhaupt erst formuliert werden können. Die in den Grundbegriffen formulierten ersten
Erfahrungen werden unter Umständen dazu beitragen, die Definition neuer komplexer
Begriffe zu ermöglichen, wodurch ein stufenweiser Aufbau der Wissenschaft entsteht[1]).
Die a priori gültige Syntax und die wissenschaftliche Erfahrung bilden dann zusammen
die eigentliche Theorie. — *Diese Darstellung* des Aufbaus einer physikalischen Theorie
*stimmt überein* mit den *methodischen Vorstellungen* des *operativen Apriorismus*.

Das *Kantsche Erkenntnismodell* läßt sich in den dargestellten Aufbau ohne
Schwierigkeit einordnen. Die primären Meßvorgänge liefern zunächst nur das Ausgangs-
material einer wissenschaftlichen Untersuchung, das sich allerdings schon in den Termini
der präzisierten Sprache formulieren läßt. Dieses Ausgangsmaterial ist jedoch zum größten
Teil noch nicht interpretiert, und wird erst durch übergeordnete Gesichtspunkte und
Ordnungsschemata, also durch Verstandesprinzipien, zu komplexen Erfahrungen zu-
sammengefaßt, die dann durch komplexe Begriffe — wie z. B. Gegenstand, Massenpunkt,
Elektron — begrifflich erfaßt werden. Es ist offensichtlich, daß diese komplexen Erfahrungen einige Eigenschaften besitzen, die sich aus den für den Erfahrungskomplex
konstitutiven Prinzipien herleiten — und zwar a priori. Der Zusammenhang mit der
*Kategorienlehre* wird hier sichtbar. Es wird jedoch zugleich deutlich, daß die synthetischen
Urteile a priori der Kategorienlehre sich nur auf die *komplexen Erfahrungsinhalte* beziehen. Die *Präzisierung* der *primären Sprache* macht es darüber hinaus möglich, auch die
durch Grundbegriffe erfaßbaren elementaren Erfahrungen auf Zusammenhänge hin zu
untersuchen, die a priori gelten. Solange die Grundbegriffe der Sprache nicht selbst
operativ definiert werden, und die elementaren Wahrnehmungen mit einer *Umgangssprache* beschrieben werden, besteht dazu keine Möglichkeit. Erst die Reflexion auf die
operativen Voraussetzungen wissenschaftlichen Sprechens versetzt uns in die Lage, die
*synthetisch- a priorische Syntax* der Formalsprache zu erkennen.

Das dargestellte operative Erkenntnismodell erweckt den *Eindruck einer* gewissen *Willkür* in der *Wahl der Begriffe* und der Wissenschaftssprache. Es ist jedenfalls im
Rahmen der bisherigen Überlegungen nicht zu sehen, daß die Auswahl der operativen
Definitionsverfahren irgendwelchen in der Sache selbst begründeten Einschränkungen
unterworfen ist. Um einem derartigen *Konventionalismus* zu begegnen, ist eine *kritische
Sicherung* der durch primäre Meßverfahren definierten Sprache, die ich auch als *Primärsprache* bezeichnen werde, erforderlich, die die verwendete Sprache neben anderen Alter-

---

[1]) *P. Mittelstaedt*, **Klassische Mechanik, Bibliographisches Institut Mannheim 1970, S. 13 ff.**

nativen als die bis auf gewisse Freiheiten einzig mögliche Primärsprache ausweist. Nur
*durch* den *Nachweis* einer solchen *Eindeutigkeit* kann die *Objektivität* der von der Theorie
behaupteten Sachverhalte *gesichert* werden. Das bezieht sich insbesondere auf die von
der jeweiligen Sprache und Syntax stark abhängigen allgemeinen a priori gültigen Prinzipien und Begründungszusammenhänge, die dadurch *unabhängig* werden von außerwissenschaftlichen Bedingungen der wissenschaftlichen Forschung.

Eine derartige kritische Sicherung der Primärsprache ist möglich, wenn man
neben den *syntaktischen* auch die *semantischen Eigenschaften* eines Begriffs untersucht.
Die *Bedeutung* eines Begriffs besteht hierbei in der Gesamtheit der Eigenschaften, die
der betreffende Begriff im Rahmen der primärsprachlich formulierten wissenschaftlichen
Erfahrung besitzt. Diese Eigenschaften können durch einen Meßprozeß, der auf den
betreffenden Begriff bezogen ist, ermittelt werden. Im Gegensatz zu den primären Meßvorgängen, deren Merkmale konstitutiv für die syntaktischen Eigenschaften eines Begriffs
sind, möchte ich die *Vorgänge*, die die *empirische Bedeutung* eines *Begriffs* bestimmen,
als *sekundäre Meßvorgänge* bezeichnen. Während die *primären Meßvorgänge* die *Syntax*
einer Sprache festlegen, ist deren *Semantik* durch die *sekundären Meßvorgänge* bestimmt.

Diese zunächst nur auf die *Funktion* eines Meßvorgangs bezogene Unterscheidung wird eine *reale* Unterscheidung, wenn die zur Durchführung der primären Meßvorgänge vorausgesetzten qualitativen Eigenschaften der vorwissenschaftlichen Erfahrung
in der wissenschaftlichen Erfahrung nicht notwendig vorhanden sind. In diesem Fall
muß die *materielle Realisierbarkeit* der primären Meßvorgänge ausdrücklich überprüft
werden. Sie ist nur dann gesichert, wenn die primären Meßvorgänge auch als sekundäre
Meßvorgänge aufgefaßt werden können, wie man sie zur *empirischen Interpretation* und
*Verifikation* einer Theorie verwendet. Die Eigenschaft der empirischen Realisierbarkeit
der primären Meßvorgänge möchte ich als *Selbstkonsistenz* einer Theorie bezeichnen.
Verlangt man Selbstkonsistenz, so erhält die Theorie durch diesen Rückbezug der Sprache
auf die Erfahrung eine *zyklische Struktur*[1]). Die Selbstkonsistenz garantiert die empirische Realisierbarkeit der operativen Verfahren, die zur Definition der Grundbegriffe
erforderlich sind und wählt dadurch zugleich aus der Gesamtheit alternativer Sprachen
eine als die aus, in der alle *syntaktischen Strukturen* auch *semantisch relevant* sind.
Durch diese *Eindeutigkeitsforderung* läßt sich der Einwand des Konventionalismus hinsichtlich der Wissenschaftssprache und damit der synthetischen Sätze a priori abwehren.
An dieser Stelle wird der entscheidende Unterschied der tatsächlich vorliegenden
Physik zu dem Erkenntnismodell des operativen Apriorismus sichtbar.

Die Eigenschaft der Selbstkonsistenz einer Theorie ist häufig nur so lange
vorhanden, d. h. nicht falsifizierbar, wie man sich noch nicht auf Grund genauerer
experimenteller Resultate vom Gegenteil hat überzeugen können. In der Möglichkeit,
die Realisierbarkeit der primären Meßvorgänge empirisch zu überprüfen, besteht die
*Hintergehbarkeit der* jeweils verwendeten *Primärsprache*. Betrachtet man die Selbstkonsistenz einer Theorie als Ziel einer adäquaten Sprachkonstruktion, so kann im An-

---

[1]) *P. Mittelstaedt*, Die Sprache der Physik, in: *H. P. Dürr* ed. „Quanten und Felder", Vieweg Verlag,
Braunschweig 1971

schluß an die Überprüfung der empirischen Realisierbarkeit der primären Meßvorgänge
die Primärsprache insofern *revidiert* werden, als eine neue, revidierte Sprache auf
realisierbaren Meßvorgängen aufgebaut wird. Diese auf sekundären Meßvorgängen
operativ aufbauende *revidierte Sprache,* die ich *Sekundärsprache* nennen möchte, ist
historisch gesehen das Produkt eines Lernprozesses, in dem sich die alten primären
Meßvorgänge auf Grund von neuen empirischen Erkenntnissen als nicht durchgängig
realisierbar erwiesen haben.

      Dieser Lernprozeß, der zur Revision der jeweils verwendeten Primärsprache
führt, hat insbesondere zur Folge, daß einige der ursprünglich synthetisch- a priorischen
Sätze ihre empirische Gültigkeit verlieren. Dadurch wird die zunächst überraschende
Tatsache verständlich, daß in der modernen Physik auf Grund von empirischen Erkenntnissen einige der früher a priori gültigen Gesetze wie das *Kausalgesetz* oder der *Substanz-*
*erhaltungssatz* nicht mehr überall gültig sind. Es ist aber offensichtlich, daß sich auch für
die neue Sekundärsprache, deren Grundbegriffe mit Hilfe empirisch realisierbarer Vorgänge definiert sind, in einem entsprechenden Sinne eine a priori gültige Syntax angeben
läßt. Ebenso lassen sich wiederum komplexe Begriffe mit Verstandesprinzipien bilden, für
die sich gewisse allgemeine Sätze als a priori gültig erweisen lassen. Es sind also gerade die
synthetischen Urteile a priori, die wegen ihrer direkten Bezogenheit auf die verwendete
Sprache in besonderem Maße dem *historisch notwendigen Wandel der Wissenschafts-*
*sprache* unterworfen sind.

      Aus diesen Bemerkungen geht hervor, daß die *Allgemeinheit* und *Notwendig-*
*keit* der in Frage stehenden Sätze immer nur relativ zu einer Wissenschaftssprache gegeben
ist. Darüber hinaus hat die zyklische Struktur einer selbstkonsistenten Theorie zur Folge,
daß die *a priorische Begründung* dieser Sätze von einer *empirischen Begründung* nicht
eindeutig getrennt werden kann. Denn jeder zur operativen Definition eines Begriffs verwendete Meßvorgang kann in zweifacher Weise interpretiert werden: als Voraussetzung
und Bedingung der Möglichkeit der Erfahrung *und* als empirischer Vorgang. Entsprechend
zu diesen beiden Gesichtspunkten kann man die synthetischen Sätze der Wissenschaftssprache entweder als synthetische Urteile a priori auffassen oder als Sätze, die sich *jeden-*
*falls teilweise* aus den empirischen Vorbedingungen der Durchführbarkeit der Meßvorgänge ergeben. Die Hintergehbarkeit der Primärsprache hat daher zur Folge, daß *wenigstens*
*einige* der synthetischen Urteile a priori logisch äquivalent werden zu den empirischen
Bedingungen der Möglichkeit derjenigen Meßvorgänge, mit denen die Grundbegriffe der
Primärsprache operativ definiert werden können.

# Wirklichkeit und Transzendenz (nach Kant)

Ivan Supek, Universität Zagreb

1.      Viele von uns werden durch die Frage verblüfft: Gibt es die Außenwelt? Oder kann man die Existenz der äußeren Dinge beweisen? In der Umgangssprache ist real eben das, was außen liegt. Wir können daran zweifeln, ob unseren Gedanken und Gefühlen dieselbe Realität wie Außendingen zugeschrieben werden soll, aber die Frage „ob der Tisch vor mir existiert" ist eine widersinnige Frage. Wie kamen Hume und andere Philosophen zu solchen Behauptungen, die ganz und gar gegen unser gewöhnliches Verständnis verstoßen? Dies alles beginnt mit dem Problem der Wahrnehmung (*Perception*), freilich in engem Anschluß an die alte Ideenlehre. Nach dieser Auffassung sehe ich nicht den Tisch und andere Menschen vor mir, sondern ich sehe meine eigenen Sichtempfindungen. Konstruiert man einmal auf solche Weise die Impressionen, Beobachtungen oder das unmittelbar Gegebene (*sense-datum*), so steht man vor dem Problem: wie kann man aus diesen Impressionen auf die Existenz der realen Dinge schließen; und das Problem ist, wie man weiß, logisch unlösbar. Kant selbst versuchte mit der Analyse der Beharrung diesen philosophischen Skandal zu eliminieren, aber gerade mit ähnlichen Beobachtungen über die Zeit wollten die Existenzialisten die Subjektivität nachweisen; ein Zeichen dafür, wie alle durch Hume und Berkeley irregeführt wurden.

      Es scheint mir unmöglich, irgendetwas sinnvoll zu sagen, ohne die Anwesenheit oder die Existenz der anderen Menschen und der Dinge anzunehmen. Diese Annahme ist natürlich nicht etwas, was ich erst erschließen muß; sie liegt in unserer ganzen Existenz. Alle unsere Erfahrung beruht darauf, daß wir etwas von den anderen gelernt haben und daß wir von verschiedenen Dingen Gebrauch gemacht haben. Freilich haben wir auch die Geometrie, Mechanik und Optik, die sich mit den Dingen oder Massenpunkten in raumzeitlichen und kausalen (Kraft-) Verhältnissen befassen. Die Entstehung dieser Wissenszweige ist tief in unseren Körpern verwurzelt; die Menschen haben sich jahrtausendelang bewegt, haben mit den äußeren Dingen gewirkt, sie gemessen und ihr Sehen mit den Instrumenten korrigiert. Das ist die makroskopische Wirklichkeit, die sich eng an das Wirken unseres Körpers anpaßt; und es ist die größte Entdeckung, daß sie sich mit Hilfe des Euklidischen Systems und der Newtonschen Mechanik erfassen läßt. Es wäre sinnlos, die Existenz dieser makroskopischen Wirklichkeit zu bestreiten. Aber mit der Aufstellung der Naturgesetze wird die Frage auftreten, ob diese die einzige Realität ist. Gemäß ihren Formulierungen kommen die Gesetze der Bewegung den menschlichen Gedanken näher als den Dingen selbst, obgleich sie natürlich auf die Dinge, z. B. Planeten, anzuwenden sind. Hier stößt man sofort auf das altgriechische Problem: Sind die Gedanken (und Gefühle) auch real? Ganz gewiß, ich denke und spreche jetzt zu Ihnen, verehrte Anwesende, meine Rede kann mittels der Luftwellen verfolgt werden und sie kann sogar auf das Magnetophon übertragen werden;

aber was ist mit den Gedanken? Sie sehen nicht mein Denken, wie ich Ihr Denken nicht
sehen kann (und auf keine Weise feststellen kann, solange Sie mir kein physisches Zeichen
geben). Und was ist mit diesen so flüchtigen Gedanken und Gefühlen? Sind sie oder sind
sie nicht? Haben sie nur eine Schattenrealität? Oder haben wir den Existenzbegriff von
Grund auf zu ändern?

Aus dieser Verwirrung kommt auch Kants transzendentale Philosophie hervor.
Während die moderne Physik die makroskopische Wirklichkeit mit der Entdeckung der Felder
und Elementarteilchen erweitert hat, hat Kant die Transzendenz im Denken erfaßt, und
zwar im Bestehen der Naturgesetze, was zu ähnlichen Folgen geführt hat.

2.        Mit den Empiristen teilt Kant die Überzeugung, daß unsere gesamte Erkenntnis
ihren Ausgang in der Erfahrung nimmt. Mit Rücksicht auf alle späteren Interpretationen
muß dieser Standpunkt Kants mit allem Nachdruck hervorgehoben werden. Aber der Begriff der Erfahrung selbst wurde vom Empirismus zu eng gefaßt; als Empfindungen, Eindrücke oder Impressionen (oder Beobachtungen in modernerer Ausdrucksweise), woraus
dann Dinge oder Vorstellungen von Dingen, Gesetzmäßigkeiten und allgemeine Grundsätze
konstruiert werden sollten, vergeblich, wie Humes scharfsinnige Analyse nachzuweisen ver-
mochte. Deshalb führt Kant von allem Anfang an bestimmte Vorstellungen in unsere Erfahrung ein, vor allem die raumzeitliche Anschauung und die Außendinge — eine umfassendere Auffassung der Erfahrung, die heute kaum bestritten werden dürfte. Weder ist der
Mensch ein passiver Empfänger, der von den Außendingen ausgehenden Eindrücke, noch
können wir annehmen, daß sich die Dingbegriffe im Strom seiner Empfindungen von selbst
verdichten. Wir sind zwar häufig passive Betrachter der sich uns darbietenden Außenwelt;
und dann scheint uns tatsächlich alle Erfahrung nur eine Folge äußerer Erscheinungen zu
sein, aber wir könnten wohl kaum etwas davon verstehen, ja selbst wahrnehmen, wenn wir
ohne vorherigen aktiven Kontakt mit den Dingen geblieben wären. Unser Tun, das wir dann
später Erfahrung zu nennen pflegen, entspringt zwar in der Regel einem Wunsch oder einer
Wahrnehmung; zweifellos hat aber auch unser Denken Anteil an diesem Tun. Diese aktive
gedankliche Komponente ist es, die Kant in seiner umfassenderen Auffassung der Erfahrung
vor allem anderen bestimmen will.

Allerdings bleibt die *Kritik der reinen Vernunft* nicht dabei stehen. Unsere Erfahrung weist eine überaus komplexe Struktur auf, was sich auch an unseren Einzelaussagen
nachweisen läßt. Aussagen wie: Peter ist im Zimmer — das Buch liegt auf dem Tisch — die
Lampe hängt an der Decke, unterscheiden sich wesentlich, wie es wohl niemand bezweifeln
wird, von der Aussage, daß unser Raum eine Längen-, Breiten- und Höhenausdehnung aufweist. Die angeführten Aussagen der ersten Art enthalten eine Einzelbeobachtung, der keine
Notwendigkeit innewohnt, während wir uns den Raum nicht anders als dreidimensional vorstellen können. Um Beobachtungen, wie z. B.: daß Peter im Zimmer ist, daß das Buch auf
dem Tisch liegt und daß die Lampe an der Decke hängt, machen zu können, mußten wir
über vorherige Raumbeziehungen „verfügen". Kant hat sich nicht mit der Psychogenese
dieses Apriorismus beschäftigt. Ob wir sie nun einzig in früher Kindheit durch Umgang mit
den Außendingen gewonnen haben, oder ob auch Ererbtes dabei eine Rolle spielt; für ihn
bildet diese Auffassung nur den Ausgangspunkt. Aber auch dabei bleibt Kant nicht stehen.

Den Ausgangspunkt für Kants Auffassung des *a priori* bilden Geometrie, Logik und Mechanik. Mit vielen seiner Zeitgenossen teilte er den Glauben an die absolute Gültigkeit von Euklids und Newtons Systemen. Darin stieß er auf synthetische Aussagen *a priori*, die allgemein, streng, ausnahmslos gültig sind. Warum behauptet er, daß diese geometrischen und mechanischen Axiome von aller Erfahrung unabhängig sind? Vor allem deshalb, weil keine große Aufwendung an Beobachtungen dazu erfordert wird, festzustellen, daß von einem gegebenen Punkt aus nur eine einzige Parallele zu einer gegebenen Geraden gezogen werden kann, oder daß die Reaktion gleich ist der Aktion. Auf derartigen Gesetzmäßigkeiten gründen dann alle weiteren Erklärungen und Begriffskombinationen. Sie sind *a priori* in dem Sinne, in dem Einstein behauptet hat, daß erst die Theorie bestimmt, was gemessen werden soll. Der Raum- und Zeitapriorismus geht noch viel weiter als viele wissenschaftliche Theorien, weil er unauflöslich an die Erfahrung der Außendinge gebunden ist. Diese Erfahrung gilt für Kant keineswegs als rein subjektiv und er trennt sie scharf vom Schein, wie aus einer überaus wichtigen, in der Vorrede zur zweiten Auflage der *Kritik* enthaltenen Fußnote unzweifelhaft hervorgeht, worin die menschliche Vorstellung mit dem äußeren Ding zu einer einzigen Erfahrung vereint wird, „die nicht einmal innerlich stattfinden würde, wenn sie nicht (zum Teil) zugleich äußerlich wäre. Das Wie läßt sich hier ebensowenig weiter erklären ..." Ohne im Augenblick auf den agnostischen Schlußsatz einzugehen, läßt sich durch eine adäquate Interpretation des Gesamtwerkes nachweisen, daß Kants Erkenntnistheorie nicht nur von der Erfahrung ausgeht, sondern sie auch auffaßt als unlösliche Einheit des Menschen und der Außendinge.

Wissenschaftliche Erforschung konnte auch nicht anders beginnen als mit Geometrie und Mechanik, und keine weitere Forschung wird wesentliche Änderungen an diesen Grundlagen anbringen können. In dieser Hinsicht sind es jene populären Weisheiten, daß Newton durch Einstein oder Maxwell durch Planck gestürzt wurde, die durchaus irreführend wirken. In der Regel sind die neuen Theorien neuen oder ausgedehnteren Forschungsgebieten entsprungen und es ist sinnlos, zu behaupten, daß sie den alten widersprechen. Zweifellos wird der neue Fortschritt zu einem besseren Verständnis auch der alten Gebiete beitragen, und deshalb erlaubte die Entdeckung der nicht euklidischen Geometrie und der Quantenmechanik, die Systeme Euklids und Newtons konsistenter zu formulieren, d. h. mit dem Hinweis auf bestimmte ihnen inhärente Begrenzungen, die auf neue Strukturen hinweisen.

Von den exakten Wissenschaften ausgehend, ließ sich Kant auf keine psychogenetischen Begründungen ein; es ist aber durchaus irrig, seine reine Vernunft als eine Schatzkammer aufzufassen, in der die Grundsätze *a priori* oder die Kategorien geborgen wären. Er selbst betont in den *Prolegomena,* daß er diese reine Vernunft nur aus Popularitätsrücksichten in den Titel seines Hauptwerkes aufgenommen hat, daß aber dabei immer die synthetischen Grundsätze *a priori* im Auge zu behalten sind. Hinsichtlich seiner *Kategorien* behauptet er sogar ausdrücklich: „Die Kategorie hat keinen anderen Gebrauch zum Erkenntnisse der Dinge, als ihre Anwendung auf Gegenstände der Erfahrung". Die Bedeutung eines jeglichen Begriffs kann wohl kaum außerhalb seiner Anwendung festgestellt werden; somit kommt auch Kants Kategorien keine Bedeutung zu außerhalb der menschlichen Erfahrung. Da Kant beharrlich bestritt, daß eine metaphysische Erkenntnis möglich wäre, die entweder unabhängig von der Erfahrung sein will oder Behauptungen aufstellt, die auf keine Weise

auf Beobachtungen angewandt und durch Erfahrungen bestätigt werden können, kann seine
zusätzliche Bestimmung des Apriorischen als eines von der Erfahrung unabhängigen, auf
Inkonsequenz der Terminologie zurückgeführt werden. Wesentlich ist dabei der Aufweis
der Priorität bestimmter Formen und Grundsätze gegenüber anderen Vorstellungen und
Einzelbeobachtungen, sowie der Hinweis auf Allgemeinheit und Gültigkeit gewisser Formen
und Gesetze gegenüber zufälligen Beobachtungen.

3.          Vom Standpunkt einer derartigen, im Einklang mit Kants gesamten Text vorge-
nommenen Bestimmung seines *a priori*, kann man ein besseres Verständnis auch seiner
Hauptfrage entgegenbringen:
„Wie sind synthetische Urteile *a priori* möglich?"
Hier muß vor allem in Betracht gezogen werden, daß grundsätzlich die Beschränkung auf
eine Einzelaussage kaum jemals Aufschluß bringen kann; erst die Gesamtheit von Euklids
oder Newtons Axiomen, verbunden mit den erforderlichen Erläuterungen und betreffen-
dem Experimentieren (oder Tätigkeit) wird die volle Bedeutung jeder Einzelaussage aufdek-
ken und daraus ein zweckdienlich anwendbares Instrument schaffen. Die Bedeutung solcher
Gesamtheiten muß betont werden mit Rücksicht auf den logischen Positivismus oder den
(frühen) Atomismus Russells, die den Einzelaussagen Bedeutung zuschrieben, folgerichtig
allerdings vom empiristischen Gesichtspunkt ausgehend, daß die Erkenntnis mit Einzelbeobachtungen beginnt. Wenn sich Kant auch nicht explizit zu dieser Frage geäußert hat, so
suggeriert doch seine nachdrückliche Berufung auf Euklids und Newtons Systeme eine einheitliche Auffassung des Apriorischen, was sich mit dem vorher über unsere biologische
Struktur und die primitive Arbeit Gesagten durchaus deckt.

          Ohne Rücksicht auf den biologisch-geschichtlichen Ursprung des geschilderten
Vorganges können wir Ereignisse und Erscheinungen anders weder betrachten noch erklären
als mittels solcher apriorischer Systeme (bzw. können wir davon sehr schwer und nur gering-
fügig abgehen). Kants Antwort auf seine *Hauptfrage, wie solche apriorischen Systeme möglich sind*, liegt in einer transzendentalen Philosophie, die er nur angekündigt hat. Wenn wir
eine biologische oder geschichtliche Erklärung davon zu geben versuchen wollten, müßten
wir zu bereits gefertigten Begriffen und Grundsätzen unsere Zuflucht nehmen; erst die apriorischen Systeme machen eine Erklärung möglich. Daß die Erscheinungen auf Grund der
raumzeitlichen Wahrnehmung erfaßt und nach bestimmten Kategorien der Vernunft
gestaltet werden, das ist für Kant eine Tatsache, die den Ausgangspunkt alles seines
weiteren Philosophierens bildet. Der Grund des *a priori* kann demnach weder in den Erscheinungen noch in der Erfahrung gesucht werden, sondern in einem darüber Hinaus-
reichenden oder sie Begründenden. Wenn Kant in diesem Zusammenhang das transzendentale Subjekt nennt, dann verfällt er in keinen anthropologischen Subjektivismus, sondern
zerlegt die primäre, als Einheit des Inneren und des Äußeren sich darbietende Erfahrung
auf Dinge an sich. *Dieses Ding an sich*, das ungeklärteste und den meisten Angriffen aus-
gesetzte Element seiner gesamten Philosophie, bleibt bestehen, als unzerbrechlicher Anker
in allen transzendentalen Höhenflügen der *Kritik der reinen Vernunft*. Der Mensch ist eben
auch eine Erscheinung der Natur und dadurch ihren Gesetzmäßigkeiten unterworfen. Ist
aber die Natur mit ihrer apriorischen Gesetzmäßigkeit alles, bildet sie die Gesamtheit des
Bestehenden?

Kants Naturauffassung bedeutet einen radikalen Bruch mit dem in Antike und Renaissance herrschenden Kosmosbegriff. Natur nennt er die Gesamtheit aller Erscheinungen, und zwar eine Gesamtheit, die auf Grund der raumzeitlichen Wahrnehmung nach dem Gesetz von Ursache und Wirkung faßbar wird. Darin folgt er völlig Newtons Weltbild, wie es folgerichtig von Rudjer Boškovič durchdacht wurde, daß nämlich alle Naturerklärungen auf Änderungen von Lage und Kraft zurückzuführen ist, d. h. daß sie „… nichts als bloße Verhältnisse enthalte, der Örter in einer Anschauung (Ausdehnung), Veränderung der Örter (Bewegung) und Gesetze nach denen diese Veränderung bestimmt wird (bewegende Kräfte)." Alle Erscheinungen der Natur gehen vor sich in Raum und Zeit nach einem bestimmten Gesetz, so daß jede Erscheinung notwendig aus einer früheren hervorgeht. Raumzeitlicher Apriorismus und Kausalität sind Kants Naturbegriff inhärent; die Natur erscheint dadurch unauflöslich verbunden mit der menschlichen Erfahrung und bleibt außerhalb dieses gesetzmäßigen Erscheinungskomplexes bedeutungslos.

4.        Kants Natur deckt sich mit dem, was wir heute makroskopische Wirklichkeit nennen würden. Die um uns herum befindlichen, mit dem unsrigen durch beständige Interaktion verbundenen Körper sind durch raumzeitliche und kausale Beziehungen unauflöslich aneinander gebunden. Aber hinter diesen sichtbaren, betastbaren und beweglichen Körpern erscheint eine unsichtbare und nicht betastbare Existenz — die Welt der Elementarteilchen und Felder. Die Forschung „transzendiert" die Welt der menschlichen Sinne, die Natur, nach Kants Auffassung. Darf diese Entdeckung der Atomphysik in Verbindung gebracht werden mit Kants *Ding an sich?*

Diese Frage ist allerdings zutiefst verbunden mit Kants Hauptfrage, wie *synthetische Urteile a priori* möglich sind.

Kant war fest überzeugt davon, daß die allgemeinen Gesetze von allen Naturerscheinungen streng befolgt werden — wir können uns aber auch gar keine Erscheinungsfolge vorstellen, worin der Grundsatz von Ursache und Folge nicht wirksam würde. Kants Natur scheint in einer streng determinierten Kette beschlossen, gleich Newtons Kosmos. Wohin dann mit der menschlichen Freiheit? Man kann sie retten, meinte Kant, wenn die Dinge unserer Sinnlichkeit auch Dinge an sich sind; da *Dinge an sich* nicht in Raum und Zeit vorgestellt werden können, kann auch der natürliche Grundsatz der Kausalität auf sie keine Anwendung finden; darin dürfte die Möglichkeit einer andersartigen Behandlung verankert werden. Die Freiheit wird dadurch zur transzendentalen Idee. Nach Kants Auffassung verursachen zwar die *Dinge an sich* die nach dem Kausalgesetz aufeinanderfolgenden Empfindungen und Erscheinungen, sind aber selbst keinerlei Naturgesetz unterworfen. Zweifellos sei es eine sehr subtile und dunkle Unterscheidung, wie der Autor der *Kritik der reinen Vernunft* zugeben muß, aber er sehe keinen anderen Ausweg in die Freiheit. Hier fand man eine logische Inkonsequenz: Falls man die Kausalität nur auf die Erscheinungen anzuwenden hat, wie kann man überhaupt über das Ding an sich als die Ursache der Erscheinungen sprechen?

Wenn wir diese Analysen und Ahnungen mit der Forschung des 20. Jahrhunderts vergleichen, so müssen wir feststellen, daß ohne die von den Physikern vorausgesetzte Gültigkeit des Grundsatzes der Erhaltung von Impuls und Energie die Existenz des Elektrons aus den Nebelspuren der Wilsonschen Kammer oder dem Ausschlagen der Geigerzähler

nicht hätte gefolgert werden können. Die Zickzackbewegungen, die ein winziges in einer
Flüssigkeit befindliches Kügelchen ausführt, könnten uns zur einfachen Folgerung verführen,
daß das Kügelchen seine Bewegungen spontan beschleunigt und verlangsamt. Aber die Physiker waren allzufest überzeugt von Grundsätzen, die in anderen Fällen unzählige Male ihre
Gültigkeit erwiesen hatten, um eine solche Ausnahme zu erlauben. Obwohl dem makroskopischen Bereich entstammend, gelten die allgemeinen Gesetze auch *jenseits* von *dieser Erfahrung;* die in einzelnen makroskopischen Experimenten festgestellten Abweichungen
haben die apriorischen Grundsätze nicht gestürzt, sie haben vielmehr zur Aufdeckung einer
tieferen Realität geführt. In diesem Sinne können die Gesetze als transzendental bezeichnet
werden. Ist Kant von der Geometrie und Mechanik ausgegangen, so haben wir heute den
ganzen Stammbaum der Wissenschaft vor uns, von der Geometrie und Mechanik bis zur
Atomphysik und Molekularbiologie; und alle diese nacheinander folgenden Systeme sind
durch Erhaltungssätze verbunden.

Kants Durchbruch wurde allerdings stark gehemmt durch den unkritischen
Glauben an die absolute Determiniertheit von Newtons Naturbegriff. Newton, so wie viele
andere, konnte gar nichts anderes als annehmen, daß in Raum und Zeit nichts geschehen
kann, was als seine Ursache nicht eine andere Erscheinung in Raum und Zeit aufweisen
könnte. Von diesem klassischen Gesichtspunkt aus konnte Kant es nicht verständlich
machen, wie unser Wille oder unsere Entscheidung in eine empirisch ausgeführte Handlung
übergeht. Er hat zwar auch hier durch Einführung eines zweifachen Charakters die moderne
Beziehung zwischem Makroskopischem und Atomarem genial vorweggenommen. „Wir würden uns demnach von dem Vermögen eines solchen Subjekts einen empirischen, imgleichen
auch einen intellektuellen Begriff seiner Kausalität machen. Eine solche doppelte Seite, das
Vermögen eines Gegenstandes der Sinne sich zu denken, widerspricht keinem von den Begriffen, die wir uns von Erscheinungen und von einer möglichen Erfahrung zu machen
haben. Denn da diesen, weil sie an sich keine Dinge sind, ein transzendentaler Gegenstand
zum Grunde liegen muß, der sie als bloße Vorstellung bestimmt, so hindert nichts, daß wir
diesem transzendentalem Gegenstande außer der Eigenschaft, dadurch er erscheint, nicht
eine Kausalität beilegen sollten, die nicht Erscheinung ist, obgleich ihre Wirkung dennoch
in der Erscheinung angetroffen wird." Kants Worte wirken wie Blitze in tiefer Finsternis.
Wie aber kann unter Beibehaltung einer strengen gegenseitigen Determiniertheit aller empirischen Erscheinungen intellektuelle Kausalität oder Freiheit eingeführt werden, wie kann
Kant sagen, daß eine Doppelseitigkeit des Subjektes die empirische Seite nicht verletzen
würde, z. B. den Grundsatz der Erhaltung der Energie? Kant ist es nicht mehr möglich,
nach Spinozas Vorbild einen psychophysischen Parallelismus vorauszusetzen. Seine Analyse
der Erfahrung ist ja viel tiefer begründet. Auch der agnostische Schlußsatz, er könne nichts
Bestimmtes über menschliche Freiheit, demnach auch über moralische Verantwortung
sagen, war nur eine durch Kants Übernahme von Newtons determiniertem Kosmosbild be-
gründete Folgeerscheinung.

5.            Kant erkannte, daß dieser Kosmosbegriff in sich einen impliziten Widerspruch
birgt; die *Dinge der Sinnenwelt* werden als *Dinge an sich* aufgefaßt. Diesem grundlegenden
Widerspruch entspringen dann die gleicherweise beweisbaren gegensätzlichen Thesen über
die Welt, wie z. B. daß die Welt unendlich ist und daß die Welt einen Anfang in der Zeit

und eine Grenze hat im Raum. Da Kant in diesen Widersprüchen nur Antinomien der Vernunft erblickte, war er noch nicht bereit, die Kette des raumzeitlichen Geschehens zu durchbrechen, wie es Max Planck unternahm mit der Hypothese der Quantensprünge. Keine Signale wiesen damals noch auf ein solches Unterfangen hin. „Dieses handelnde Subjekt würde nun nach seinem intelligiblen Charakter unter keinen Zeitbedingungen stehen; denn die Zeit ist nur die Bedingung der Erscheinungen, nicht aber der Dinge an sich selbst."

Die Quantentheorie würde Kant zustimmen in der Behauptung, daß unsere Erkenntnis auf empirischen oder makroskopischen Wirkungen (von Atomen) begründet ist, aber während er beharrlich wiederholte, daß er über die verborgenen Ursachen der Erscheinungen, die *Dinge an sich* nichts sagen kann, spricht die Quantentheorie von atomaren Zuständen und Größen (Impuls, Moment, Energie), ohne daß man sie in einen in Raum und Zeit verlaufenden Prozeß vereinigen könnte. Die quantentheoretischen Gesetze beziehen sich nur auf die beim Übergang vom Atomaren zu Makrowirkungen sich bietenden Möglichkeiten, wonach eben diese Gesetze ihren transzendentalen Charakter behalten. Kant hatte recht mit der Behauptung, daß unsere Erkenntnis unfähig sei, auf das hinter dem transzendenten Übergang Befindliche zu springen, aber dieser Übergang selbst sagt etwas aus über das hinter der Wirklichkeit der Sinne Liegende.

Heisenberg mußte den Riß im klassischen Determinismus entdecken, um den Übergang zu tiefer liegender Realität zu ermöglichen, und die Kopenhagener Interpretation der Quantenmechanik ist eine transzendentale Theorie im besten Sinne Kants. Die Gleichungen oder die Gesetze der Quantenmechanik stellen ein konsistentes System dar, außerhalb unseres Raumes und unserer Zeit, ein System, woraus sich die möglichen Wirkungen in unserem Raum und unserer Zeit berechnen lassen, keineswegs aber eine determinierte Folge von Erscheinungen. Darin besteht die einzige Möglichkeit dafür, wie die zwei Arten von Gesetzmäßigkeiten zusammen bestehen können, worin das Hauptproblem lag für Kants transzendentale Philosophie, ein Problem, das selbstverständlich so lange ungelöst bleiben mußte als der klassischen Determiniertheit absolute Gültigkeit zukam.

Da sich Kant von einer derartigen Verabsolutierung nicht lösen konnte, wurde sein Vertrauen in den gedanklichen Ausbau seiner transzendentalen Philosophie tief erschüttert, so daß er in Augenblicken der Skepsis sein Unternehmen aufgeben wollte und seine Philosophie kritischen Idealismus nannte. Dennoch enthält seine *Kritik der reinen Vernunft* die Hauptelemente einer transzendental Philosophie, Ahnungen, aus denen die Quantentheorie eine neue Welt schuf. Die Aufstellung der Quantentheorie enthüllte die Tiefe von Kants Naturbegriff. Die Naturerscheinungen, wahrgenommen von unseren Sinnen und unseren Apparaten als Verlängerungen unserer Sinne, sind nämlich nicht das Letzte oder das Ursprüngliche des Bestehenden. Die Natur selbst enthüllt sich uns mit ihren invarianten Grundsätzen, die jenseits der makroskopischen Wirklichkeit in die Tiefen führen, woraus alle Dinge entspringen und das Leben selbst. In seiner Behandlung des zweiseitigen Charakters des Menschen wollte Kant die natürlichen und die vernünftigen Faktoren der menschlichen Handlungen auf ihr richtiges Maß bringen. Der Naturalismus allein für sich genommen, bestreitet die Freiheit, der Rationalismus allein für sich genommen verliert die Beziehung zum unendlichen Reichtum der Natur. Ausgehend von einer vertiefteren Erfahrung, wie sie ihr durch die ersten Wissenschaften, Mathematik, Logik und Mechanik geboten

wurde, war Kants Philosophie bestrebt, zu einer umfassenderen Auffassung des Menschen-
wesens zu gelangen, so „..., daß auf diese transzendentale Idee der Freiheit sich der prak-
tische Begriff derselben gründe...". Wie immer dieser Schluß vom Geist der Aufklärung
des 18. Jahrhunderts getragen sein mag, vieles von seinem rationalen Primat wird ihm durch
eine Fußnote der Vorrede zur *2. Auflage* der *Kritik* entzogen, die dartun will, warum wir
die Dinge der Erfahrung gleichzeitig auch als *Dinge an sich* denken müssen: „Um einem
solchen Begriffe aber objektive Gültigkeit (reale Möglichkeit, denn die erstere war bloß die
logische), beizulegen, dazu wird etwas mehr erfordert. Dieses Mehrere aber braucht eben
nicht in theoretischen Erkenntnisquellen gesucht werden, es kann auch in praktischen liegen."

Diese Bemerkung rückt die Praxis in den Vordergrund, die ihn in seinen späteren
Werken beschäftigen sollte, vor allem in bezug auf die Frage der moralischen Verantwortung: sie zeugt davon, wie ganzheitlich seine Betrachtungsweise beschaffen war, mit gleichzeitiger Berücksichtigung des Theoretischen und des Praktischen. Die immanenten Wider-
sprüchlichkeiten seines Lebenswerkes haben leider dazu geführt, daß nach ihm in der Philosophie Richtungen mit dominierendem subjektiv-spekulativem oder objektiv-praktischem
Charakter zur Herrschaft gelangten, fast bis zu unserer Gegenwart, wo aber unter der Ein-
wirkung der naturwissenschaftlichen Forschung das philosophische Denken wieder zu seiner ursprünglichen Ganzheit zurückkehrt.

6.            Nachdem wir den ganzen Stammbaum der Naturwissenschaften vor uns haben,
können wir auch den Zusammenhang zwischen Apriorismus und Realismus besser begreifen.
Obgleich es in der Geschichte der Wissenschaft manch Zufälliges gibt, wie z. B. Phlogiston-
hypothese, scheint uns der ganze Aufbau der Systeme notwendig zu sein. Freilich könnte
man die Frage stellen: Wie kann man die Notwendigkeit einer Entwicklung zeigen, die nur
einmal vor sich gegangen ist? Doch knüpft die Elektrodynamik an die Newtonsche Mechanik an, sowie auch die Atomphysik an die makroskopische Physik, und außerdem sieht man
eine große Fülle gleichzeitiger Entdeckungen. Bedenken wir nur, daß Einsteins spezielle
Relativitätstheorie ihre Formeln schon in der Lorentzschen Elektronentheorie vorgefunden
hat, und weiter, daß die Quantenmechanik unabhängig von Schrödinger und Heisenberg aufgestellt wurde, sogar von verschiedenen Positionen aus. Wie kann man diesen mehr oder weniger fest stehenden Stammbaum der Naturwissenschaft deuten? Bestimmt kann man diesen mit der Stellung der Menschen in der Welt deuten. Diese menschliche Existenz mit ihrer
biologischen und sozialen Struktur (in einer spezifischen Umgebung) ist der Ursprung von
bestimmten Vorstellungen *a priori* und von einer bestimmten Entwicklung der Naturwissenschaft.

Wie Kant betonte, haben die raum-zeitlichen Vorstellungen und der Kraftbe-
griff eine aprioristische Bedeutung, und zwar in dem Sinne, wollen wir das hinzufügen, daß
sie die makroskopische Realität unserer Körper und der Dinge wiedergeben. Die Gesetze
der klassischen Physik sind mit der makroskopischen Wirklichkeit organisch verbunden,
aber sie bieten noch etwas mehr. Unsere Gedanken sind nie völlig in unsere Taten oder die
Wirklichkeit eingegliedert. Das ist dieses transzendentale Element, will man die Kantische
Terminologie bewahren. Daß wir die allgemeinen Gesetze aussprechen können, ist eine Entdeckung unseres Verstandes (Geistes), der eine starke Stütze in der Erfahrung hat.

Wie Kant vermutete, hat der Mensch einen doppelseitigen Charakter. In langer Evolution haben sich die semi-makroskopischen Formen des Körpers entwickelt, aber dabei sind doch die fundamentalen Lebensprozesse von mikro-Feinheit geblieben und lassen sich nicht völlig auf makroskopische Weise beschreiben. Damit verliert auch der Begriff des Körpers seinen vollen Sinn an dieser tiefsten Stufe. Da die Energie auch in diesem Unsichtbaren (Atomaren) aufgespeichert wird, kann das Energieprinzip nicht mehr als die Stütze des mechanischen Modells des Lebens angesehen werden. Die Handlungen können in menschlichen Gedanken und Gefühlen (im Willen) anfangen, ohne daß man dadurch das Energieprinzip verletzt oder es nötig hat, die dahinter stehende Physik zu suchen. Die Physik bleibt eine Transformation des Atomaren in den makroskopischen Rahmen; und durch diese Begrenzung geht das Psychische verloren.

Demnach ist es nicht ganz korrekt zu sagen, daß die klassische Physik, nach der unsere Apparate konstruiert sind, eine Gesetzmäßigkeit der makroskopischen Wirklichkeit bedeutet. Wäre es so, so könnte man die Quantenphysik nie entdecken, und wir wären in unserem makroskopischen Rahmen hoffnungslos eingeschlossen. Bohrs Korrespondenzprinzip (und die Transformationstheorie der Quantentheorie) soll man nicht als eine Deduktion aufs Makroskopische auffassen, nicht einmal als ein Sinnpostulat, wie oft erklärt wurde. Als Gedankenkonstruktionen, eng verbunden mit Tun und Experiment, enthalten die klassischen Systeme diesen aprioristischen und transzendentalen Grundzug, der über das Makroskopische hinausführt.

Wir Menschen sind in einer Welt entstanden, die vor uns war, aber von uns wesentlich weiter aufgebaut wurde. Aus diesem wechselseitig wirksamen Verhältnis entstammen auch unsere Gedanken über uns selbst, über die Welt und die gegenseitige Wirkung, diese Gedanken, die teilweise fundamentale makroskopische Beziehungen und teils die schöpferische Phantasie des Geistes selbst aufweisen. Die Frage nach einer Welt außerhalb unserer Gedanken ist eine entstellte Frage, ebenso wie ihre Umkehrung: Was bedeuten unsere Sätze, wenn sie von unserem Tun in der Welt losgetrennt werden? Wird man das Physische oder das Psychische als das Einzige erklären, so läuft man Gefahr, das Eine oder das Andere zu verlieren.

# Welches sind die Besonderheiten der Quantenphysik gegenüber der klassischen Physik? *

Mario Bunge, McGill University, Montreal, Canada.

Andrés J. Kálnay, Centro de Fisica, (IVIC), Caracas, Venezuela.

## Vorbemerkung

Es werden sechzehn angebliche Unterschiede zwischen Quantenphysik und klassischer Physik untersucht. Dabei geht es um die mathematischen Formalismen, deren Interpretationen und auch um philosophische Implikationen der zu untersuchenden Theorien. Einige der Unterschiede werden als echt empfunden, aber andere erweisen sich im Lichte jüngster Untersuchungen sowohl der klassischen als auch der Quantentheorien als falsch. Die echten Unterschiede sind vielleicht tiefer als man gewöhnlich zugibt, wenn die Formeln der Quantentheorie nicht in bildhaften oder halbklassischen Verfahrensweisen interpretiert werden. Es werden neun echte Unterschiede aufgezeigt, die sich von den besonderen physikalischen Variablen und ihren Beziehungen bis zu ihrer Interpretation erstrecken. Es werden keine entscheidenden mathematischen Unterschiede erkannt und es wird gezeigt, daß es auch keine epistemologischen und logischen Unterschiede gibt.

Es ist eine anerkannte Meinung, daß die Quantenphysik (im folgenden $QP$) von der klassischen Physik ($CP$) ganz verschieden ist. Es gibt jedoch keinen Konsens darüber, worin die Unterschiede bestehen könnten. Während es für einige die Quantelung ist, ist es für andere der Indeterminismus oder die Dualität, der Bezug auf Mikrosysteme oder auf die Beobachtung, die Verwendung nicht vertauschbarer Operatoren oder die Verwendung des Hilbertschen Raum-Formalismus oder irgendeine andere Charakteristik. Wir beabsichtigen eine Untersuchung anzustellen, welche tatsächlichen Merkmale die $QP$ gegenüber der $CP$ charakterisieren und ob sie ein einziges Merkmal voneinander trennt. Die formale Vorgangsweise wird folgende sein: Wir werden die angeblichen Besonderheiten der Reihe nach vornehmen und sehen, ob sie nicht etwa in der $CP$ auch vorkommen und ob sie für die ganze $QP$ gelten. Schließlich werden wir alle jene Besonderheiten sammeln, von denen wir glauben, daß sie für die $QP$ eigentümlich sind.

## 1. Grundgesetze

Man glaubt gewöhnlich, daß die grundlegenden Gesetze der $QP$ — die Evolutions-Gleichungen (wie die Schrödingers) und die Feld-Kommutations- und Anti-Kommutations-Relationen — für die $QP$ eigentümlich sind.

---

* Mit freundlicher Genehmigung der Autoren übersetzt von Dr. Johann Götschl, Graz

Man könnte versucht sein, dem zu entgegnen, daß dies nicht ganz richtig ist, denn mehrere Wissenschaftler haben Bewegungsgleichungen erhalten, die an die von Schrödinger erinnern und die sogar allgemeiner sind als die letzteren. Zwei gute Beispiele sind die jüngsten Untersuchungen von De la Pena Auerbach [1] und Surdin [2]. Allerdings kommt es darauf an, daß diese Bewegungsgleichungen nur formal denen von Schrödinger ähnlich sind: sie sind klassisch und sie gehören zu Theorien mit verschiedenen mathematischen Formalismen und verschiedenen physikalischen Interpretationen. Der beste Beweis für diese Feststellung ist, daß die klassischen Analoga der quantenmechanischen Bewegungsgleichungen nicht die gleichen Probleme wie die letzteren lösen. Und eine Theorie wird allein durch die Klasse von Fragen charakterisiert, die sie beantwortet.

Der Unterschied zwischen den beiden Physiken ist im Falle der Feld-Theorien sogar ausgeprägter. Zugegeben, die Zufalls-Elektrodynamik von Marshall [3] und Boyer [4], die klassische Theorien sind, reproduzieren einige quantentheoretische Resultate, wie das Plancksche Gesetz der Strahlung eines schwarzen Körpers. Sie scheinen allerdings keine Rechenschaft abzulegen über all die anderen typischen quantentheoretischen Phänomene, wie den photoelektrischen Effekt und die Compton-Streuung. Und selbst wenn eines der Fall wäre, so kommt es darauf an, daß diese Theorien nicht dieselben grundlegenden Gesetze enthalten wie die Quanten-Elektrodynamik. Was die Fermion-Felder betrifft, so ist es wahr, daß es möglich gewesen ist, auf klassische Weise die Fermi-Jordan-Algebra zu erhalten, wie dies in Abschnitt 14 diskutiert werden wird. Die Algebra ist allerdings nur ein Bestandteil einer Feld-Theorie und das in der Weise, daß sie es einem nicht gestattet, irgendein physikalische Problem ohne die Hilfe der grundlegenden Gesetze zu lösen.

Wir schließen daraus, daß die grundlegenden Gesetze der *QP* für sie tatsächlich charakteristisch sind, und zwar nicht nur durch ihre mathematische Form, die auf klassische Weise nachgeahmt werden kann, sondern durch ihre Interpretation und durch die Rolle, die sie in der gesamten Theorie spielen.

2.          **Bezug auf Mikrosysteme**

Es wird oft behauptet, daß das, was für die *QP* im Gegensatz zur *CP* typisch ist, darin besteht, daß die erstere von Mikrosystemen handelt. Die allgemeinen Theorien, ob in der *CP* oder in der *QP*, spezifizieren nicht den Umfang der Systeme, von welchen sie handeln. Es sind nur ganz gewisse spezielle Theorien, die den Umfang oder die Anzahl der Komponenten spezifizieren. Daher sind jene allgemeinen Theorien — wie die Kontinuum-Mechanik oder die elektromagnetische Theorie — im Prinzip vom Atom bis zur Milchstraße anwendbar. Daß die klassischen Theorien zufällig falsch sind unter einem bestimmten Ausdehnungsbereich, ist eine andere Sache. Was wahr ist, ist, daß gewisse kollektive Eigenschaften wie Elastizität und gewisse kooperative Phänomene wie Kondensation in Mikrosystemen nicht vorkommen, was nicht zur Folge hat, daß sie prinzipiell nicht von der *QP* behandelt werden können.

In gleicher Weise ist die allgemeine Quantenmechanik (zum Unterschied von einigen ihrer besonderen Anwendungen) vom Elektron bis zur Milchstraße anwendbar. Nur wenn einige besondere Annahmen, die Zusammensetzung des Systems betreffend, die gegenseitigen Beeinflussungen ihrer Komponenten etc., hinzugefügt werden, wird uns die Theorie entweder über die Elektronen oder über die Milchstraße nichts Definites sagen.

Daß die *QP* anwendbar ist auf oder vielmehr wesentlich ist für das Verständnis der Mikrosysteme, war von Anfang an in bezug auf die Strahlung des schwarzen Körpers bekannt; ein System, das sowohl quantentheoretisch als auch makrophysikalisch ist. Aber es war erst ein Studium der Supraleitfähigkeit und später der Suprafluidität, das überzeugend die Existenz der quantentheoretischen Makrosysteme gezeigt hat, und daher ergab sich die Notwendigkeit von Beschreibungen, die die Plancksche Konstante enthalten.

Fassen wir zusammen: *CP* ist nicht Makrophysik und *QP* ist nicht Mikrophysik. Wahr ist vielmehr, daß die *QP* auf der mikrophysikalischen Ebene viel Erfolg gehabt hat, wo die *CP* versagt hat.

## 3. Quantelung

Da die klassische Partikel-Mechanik die Quantelung nicht kennt und oft geglaubt wird, die *CP* sei auf erstere reduzierbar, hat man die Meinung geäußert, daß die Quantelung für die *QP* typisch sei. Schließlich ist es auch dasjenige, was der Name durchblicken läßt.

Die Illusion wird zum Verschwinden gebracht, wenn man sich erinnert, daß die Partikel-Mechanik ein winzig kleines Fragment der *CP* ist, das sich grundlegend mit Kontinua beschäftigt, und man weiter bedenkt, daß, während Felder Höchstwerte haben könnten, Punkt-Massen nicht ausgedehnt werden können. Mehr noch zeigt jedes kontinuierliche Medium, insbesonders elastische Festkörper und elektromagnetische Felder, die Quantelung als ein Resultat von Grenzzuständen. Zum Beispiel sind die Vibrationsfrequenzen einer Violinsaite und die Oszillationsarten eines elektromagnetischen Feldes in einer Führungswelle gequantelt.

Übrigens ist die Quantelung nicht für alle quantenmechanischen Systeme charakteristisch. Atome und Moleküle zum Beispiel haben zusätzlich zu den diskreten Spektren kontinuierliche Energiespektren. Und ein statisches elektrisches Feld wird in der üblichen Quantenelektrodynamik nicht gequantelt. (Wahr ist, daß dem longitudinalen Feld manchesmal individuelle Photonen zugeschrieben werden. Aber das sind mathematische Fiktionen.)

Folglich ist die Quantelung an sich nicht ein spezifisches Unterscheidungsmerkmal der *QP* in bezug auf *CP*. Was eigentümlich ist, ist die Quantelung gewisser Eigenschaften gewisser physikalischer Systeme, wie die der Energie und des Impulses eines Strahlungsfeldes.

## 4. Quantensprünge

Es wird gewöhnlich behauptet, daß in der *CP* alle physikalischen Eigenschaften fließend variieren, wohingegen sich diese in der *QP* durch Sprünge verändern.

Diskontinuitäten sind allerdings in der *CP* augenfällig; Geschwindigkeits-Sprünge bei Stößen, elektromagnetische Feld-Diskontinuitäten gibt es bei Trennflächen etc. Aus diesem Grunde setzt man voraus, daß die klassisch-physikalischen Variablen eher stückweise stetig sind denn überall.

Wenn man will, könnten Quanten-Sprünge zwischen diskreten Energieniveaus in sehr schnelle kontinuierliche Prozesse in einem Zustandsraum aufgelöst werden. Nur innerhalb der gängigen Quantentheorien könnten solche Übergänge nicht in kinematische

Prozesse (trajectories) aufgelöst werden, und wenn, doch nur, weil gerade die Endpunkte keinen definiten kinematischen Status haben: ein Elektron kann in einem Atom in einem definiten Energiezustand sein, es hat aber im allgemeinen keinen definiten Ort. (Quantensysteme haben nur eine Ortsverteilung und das Leistungsvermögen, sie zu verengen. Und das hat mit Messung nichts zu tun.)

Schlußfolgerung: die Quantensprünge sind nicht von charakteristisch quantenmechanischer Art.

## 5.        Wahrscheinlichkeit als eine primäre Quantität

Während in der *CP* die Wahrscheinlichkeit immer eine aus deterministischen Gesetzen abgeleitete Quantität ist, ist sie in der *QP* eine primäre und irreduzible Quantität.

Diese Behauptung ist in den letzten Jahren durch die Konstruktion klassischer Theorien widerlegt worden, in welchen Zufälligkeit (Regellosigkeit) nicht ein Resultat der Wechselwirkung unabhängiger Komponenten ist, sondern als eine grundlegende Eigenschaft vorkommt. Eine solche Theorie ist die stochastische Mechanik von De la Pena Auerbach [1], in der klassische Teilchen zufälligen Störungen unterworfen werden. Eine andere Theorie ist die Zufalls-Elektrodynamik von Marshall [3] und Boyer [4], in welcher sich die Strahlungsquellen regellos bewegen und das Feld mit einer Null-Punkt Zufalls-Schwankung vorkommt.

Obgleich Wahrscheinlichkeit in der *QP* sicher eine primäre Quantität ist (zumindest in der Dichteoperator-Formulierung), hat das nicht zur Folge, daß jede quantenmechanische Formel probabilistisch ist. Zum Beispiel sind die Theoreme der Energie- und Impulserhaltung und die Auswahlregeln nicht probabilistisch, obgleich sie in einem probabilistischen Rahmenwerk vorkommen.

Folglich sind primäre Wahrscheinlichkeiten für die *QP* nicht einmalig. Es ist aber wahr, daß sie nur in besonderen klassischen Theorien vorkommen und nicht allgemein in der *CP*: so scheint zum Beispiel keine stochastische Hamiltonsche Theorie zu existieren, von der die Natur ihres Referenten unbestimmt gelassen wird und daher zahlreichen Anwendungen gegenüber offen ist. Andererseits kommen in der *QP* primäre Wahrscheinlichkeiten allgemein vor, d. h. bevor spezielle Modelle besonderer Systeme aufgestellt werden.

## 6.        Superposition und Interferenz

Es wird oft behauptet, daß sowohl die Superposition der Wahrscheinlichkeitsamplituden als auch ihre Interferenz typischer quantentheoretischer Natur sind.

Die Behauptung ist insofern korrekt, als es in der Standard-*CP* keine Wahrscheinlichkeitsamplituden gibt, sondern Wahrscheinlichkeitsdichten und die aus ihnen aufgebauten Quantitäten. Jedoch gibt es in *CP* sowohl Superposition (vorausgesetzt die Theorie ist linear) als auch Interferenz (vorausgesetzt die Feld-Intensitäten selbst, nicht ihre Quadrate kommen in Betracht). Man denke an die Superposition der Felder in der klassischen elektromagnetischen Theorie. Aber natürlich geht die Superposition in  nichtlinearen Theorien verloren, wie in der Gravitationstheorie. Und dies ungeachtet, ob die Theorie klassisch oder quantentheoretisch ist: wenn je eine erfolgreiche nicht-lineare Quantenmechanik errichtet wird, wird sie das Superpositions-„Prinzip" (in Wirklichkeit ein Theorem) nicht einschließen.

Wir schließen damit, daß die Interferenz der Wahrscheinlichkeitsamplituden tatsächlich eine Eigenschaft der $QP$ ist, wohingegen Superposition ein Charakteristikum jeglicher linearer Theorie ist.


## 7. Indeterminanz

Die $QP$ ist grundsätzlich indeterministisch, und zwar genau deshalb, weil ihre Grundgesetze nichtreduzierbare Wahrscheinlichkeiten enthalten (erinnern wir uns an Abschnitt 5).

Diese Behauptung ist richtig, solange „Indeterminismus" nicht mit „Gesetzeslosigkeit" gleichgesetzt wird; d. h., die $QP$ ist nicht indeterministisch im traditionellen philosophischen Sinn, denn sie enthält Gesetze, aber sie ist ein Fall von stochastischer Determinanz. Die Behauptung ist aber nicht richtig, wenn man sagen will, daß jede Eigenschaft und jede Bedingung für eine Eigenschaft in $QP$ stochastisch ist. Vor allem sind z. B. die Quantenzustände vollkommen determinativ und definit durch die Mengen der Quantenzahlen charakterisiert. Andererseits ist die Entwicklung von Quantenzuständen in gleicher Weise bestimmt: es gibt nichts Indeterminatives (Unbestimmtes) an der Flugbahn eines Zustandsvektors im Hilbertschen Raum, wie Margenau zuerst hervorgehoben hat.

Man kann zusammenfassend sagen: es ist wahr, daß die $QP$ in dem Sinne indeterministisch ist, als sie einen stochastischen Determinismus illustriert. Aber nicht alles in der $QP$ ist stochastisch und alles ist gerade so gesetzmäßig wie in der $CP$.


## 8. Unbestimmtheit

Gewöhnlich glaubt man, die $QP$ wird von Unbestimmtheiten beherrscht — z. B. die Unbestimmtheiten im Ort und Impuls eines quantenmechanischen Systems.

Diese Behauptung ist trivial wahr: jede wissenschaftliche Theorie, ob sie nun stochastisch ist oder nicht, wird uns in gewisser Hinsicht sowohl wegen der Ungenauigkeiten ihrer Hypothesen im Unbestimmten belassen, als auch wegen der Unbestimmtheiten, die den Daten inhärent sind, mit denen die Theorie gefüttert werden muß, um sie zu aktivieren. Das heißt, selbst wenn wir annehmen, daß gewisse Fakten vollkommen bestimmt oder nicht stochastisch sind, so wird unsere Beschreibung von ihnen von Unbestimmtheiten beherrscht werden.

Betrachten wir z. B. einen unelastischen Stoß mit drei Partikeln im Endzustand. Die Flugbahnen und Impulse der drei Partikel sind bestimmt aber ungewiß, weil die Bewegungsgesetze der Mechanik allein ohne die Elastizitätsgesetze nicht genügen, um die gewünschten Quantitäten zu erreichen. Tatsächlich wird es drei Impuls-Erhaltungsgleichungen mit fünf Unbekannten geben: die drei Endimpulse und zwei Streuwinkel. Wir können nicht einmal die Wahrscheinlichkeit von jedem der unendlich vielen möglichen Tripeln von Impulswerten berechnen. Aber wenn wir die relevanten Gesetze der Elastizität hinzufügten, könnten wir die Bewegungsgleichungen integrieren und unsere Ungewißheit verringern.

Unbestimmtheit muß dann von Indetermination unterschieden werden: erstere ist ein menschliches Attribut und eines, das in jedem Gebiet in Geltung ist, wohingegen Indetermination eine objektive Eigenschaft bestimmter Fakten ist. Das Versäumnis diese zwei Begriffe auseinanderzuhalten, hat Born [5] und andere dazu geführt, zu behaupten, daß die CP ebenso indeterministisch ist wie die QP. Es hat auch dazu geführt, die in Heisenbergs Unbestimmtheitsbeziehungen vorkommenden Standardabweichungen, soweit es den genauen Ort und den genauen Impuls des Systems betrifft, als Ungewißheiten zu interpretieren. Weil aber die QP eine Sammlung von Theorien über physikalische Systeme ist, kann sie uns in keiner Weise helfen, unsere eigenen Ungewißheiten zu berechnen: Jene Standardabweichungen sind objektive Unbestimmtheiten oder Spielräume, nicht Ungewißheiten. Wenn es uns ferner gelänge, sie genau zu berechnen, könnten wir noch immer darin ungewiß verbleiben, was die Gültigkeit unserer Berechnung betrifft. Die Interpretation von $\Delta q$ und $\Delta p$ vermittels der Ungewißheiten hat zwei philosophische Wurzeln. Die eine ist die subjektivistische Interpretation der Wahrscheinlichkeit als Ungewißheit, die andere ist die mechanistische These, daß in einer Endanalyse jedes physikalische System korpuskularer Natur ist. Wenn Subjektivismus und Mechanismus aufgegeben werden, dann werden die quantentheoretischen Unbestimmtheiten als Repräsentanten einer Erscheinungsform der Natur angesehen, und nicht als unsere Kenntnis von ihr.

Daraus können wir schließen, daß eine QP weder mehr noch weniger ungewiß ist als die CP: die quantentheoretischen Aussagen haben keine in ihnen inhärenten Ungewißheiten, selbst wenn sie sich mit Wahrscheinlichkeiten befassen. Weder die Natur noch unsere Hypothesen über sie haben irgendwelche eingebauten Ungewißheiten. Unsere Ungewißheiten werden zum Ausdruck gebracht, wenn wir die Irrtümer der Messung und die Gültigkeitsbereiche von Theorien abschätzen: Ungewißheit ist ein Geisteszustand und nicht ein atomistischer.


## 9.        Die Beobachter-Abhängigkeit

Die CP ist zugegebenermaßen anders als die QP, objektiv und frei von einem Beobachter; die QP, so wird behauptet, ist wesentlich vom Beobachter abhängig.

Man könnte dem bei entsprechender Mißinterpretation entgegenhalten, daß auch die CP gezwungen werden kann, sich auf den Beobachter zu beziehen und auf ihre störenden Interferenzen mit dem Objekt oder mit dem intendierten Bezugsgegenstand. Zum Beispiel wird der Bezugsrahmen oft als das Subjekt konstruiert, obgleich aus einem unerfindlichen Grunde diese Interpretation gewöhnlich auf relativistische Theorien beschränkt ist. Und äußere Störungen an einem Makrosystem könnten der Tätigkeit eines Experimentators zugeschrieben werden. Überdies werden diese äußeren Störungen nicht immer eine unbedeutende und rein quantitative Störung produzieren. Gelegentlich könnten sie eine Art Muster-Zerreißung verursachen, wie wenn ein Trommler die Spannung der Trommelhaut reguliert. In solchen Fällen ist die Wirkung nicht auf das Nichtverschwinden des Wirkungsquantums zurückzuführen, sondern auf die Quantelung der Vibrationsfrequenzen. Und es ist natürlich eine rein physikalische Tatsache, selbst wenn sie gelegentlich von einem menschlichen Wesen hervorgebracht wird. Die CP ist dann frei von einem Beobachter — das aber ist auch die QP.

Tatsächlich ist es so, wenn man dem eine richtige Interpretation gibt, daß die $QP$ keinen Bezug zu einem Subjekt involviert. Die intendierten Bezugsgegenstände der $QP$ sind reine physikalische Systeme: manchesmal sind es mikrophysikalische und dann wieder mikro- und makrophysikalische. Im letzteren Fall spricht man manchmal vom Meßapparat oder vom Beobachter; das aber ist eine irreführende *facon de parler,* die von einer altmodischen Philosophie hervorgebracht wurde und in keiner wie auch immer gearteten Weise in den quantenmechanischen Formeln verankert ist. Und tatsächlich ist es so, daß sogar in den Fällen, wo eine spezielle Quantentheorie über die Wirkung eines Makro- oder Mikrosystems spricht, diese Wirkung eine physikalische und nicht eine intellektuelle ist — wie dies durch die Tatsache gezeigt wird, daß sie im Hamilton-(Formalismus) des ganzen Systems durch einen Terminus dargestellt wird, der nur physikalische Variable einschließt. Das Subjekt hat in der $QP$ nicht mehr Platz als in der $CP$: es ist lediglich das Relikt einer toten Philosophie. Folglich hat sich Bohr [6] geirrt, als er steif und fest behauptete, daß die $QP$ von der $CP$ dahingehend epistemologisch verschieden sei, daß die erstere einen expliziten Bezug zum Beobachter und zu den Bedingungen seiner Beobachtung miteinschließen müßte. Die $QP$ kann und muß in genau so realistischen Termini wie die $CP$ interpretiert werden.

Fassen wir zusammen: die $QP$ ist ebenso objektiv (subjektunabhängig, frei vom Beobachter) wie die $CP$. Aber beide können im Interesse einer veralteten Philosophie mißinterpretiert werden.


## 10.  Messung

Die Standardthese ist gut bekannt: die Messungen an einem Mikrosystem sind wesentlich anders als jene, die an einem Makrosystem durchgeführt werden, insofern als es unmöglich ist, die von einem Gerät hervorgerufenen Störungen außer acht zu lassen: es verursacht Quantensprünge — für gewöhnlich unvorhersehbare — und die Reduktion des Wellenpaketes, das das unter Beobachtung stehende System repräsentiert.

Wir akzeptieren die vorhergehende Aussage mit einer Änderung und einem Vorbehalt. Die Änderung ist folgende: es besteht keine Notwendigkeit über eine Reduktion der Wellenfunktion bei der Messung zu sprechen, insbesondere wenn eine solche Reduktion Schrödingers Gleichung zu verletzen scheint (wie das bei der von Neumannschen Theorie [7] der Fall ist) und wenn sie dahingehend interpretiert wird, daß sie die Erwerbung eines Teiles vollkommener Kenntnis darstellt, z. B. die Kenntnis vom Impuls des Systems. Es könnte sich ganz gut eine Reduktion des Wellenpaketes bei der Messung ereignen, aber wir werden es nicht wissen können, sondern erst wissen, wenn realistische Messungsfälle von der Theorie behandelt und mit experimentellen Daten konfrontiert worden sind. Bisher hat die Quantentheorie der Messung keine realistischen Fälle erfaßt (siehe Stapp [8]) und ist deshalb nicht geprüft. Solange solche Tests nicht zur Verfügung stehen, sollten wir das Projektionspostulat in Schwebe lassen — es sei denn, wir sind fest entschlossen, klassische Metaphysik zu betreiben. Jedenfalls benützen wir sie nie beim Berechnen irgendwelcher meßbarer Quantitäten-Eigenwerte, Mittelwerte, Wirkungsquerschnitte, Übergangswahrscheinlichkeiten und dergleichen — wie dies von Margenau hervorgehoben wurde.

Der Vorbehalt ist folgender: während es wahr ist, daß Messungen auf der
Mikroebene nicht wie in der *CP* vernachlässigt werden können, so muß oder kann kein
Bezug zu Messungen im Theorie-Körper wirklich vorkommen, außer wenn der letztere
auf die Analyse eines realen Experimentes angewendet wird. Das heißt, wir akzeptieren
nicht die von der Kopenhagener Schule verfochtene Meinung, daß „gerade die Definition
eines Phänomens eine Beschreibung der experimentellen Bedingungen involvieren müsse,
unter denen es beobachtet worden ist" — was immer „Definition" in diesem Satz bedeuten
möge. Vor allem könnten wir es der Natur sehr wohl gestatten, daß sie existiert, während
sie unbeobachtet ist. Wenn man andererseits von einer Störung spricht, die am Objekt der
Messung durch den Apparat verursacht wurde, dann erkennt man, daß das Objekt von sich
aus existieren kann, selbst wenn mir zufällig jegliche experimentelle Kenntnis seiner Bedingungen fehlt.

Zum Abschluß noch zwei Bemerkungen als Warnung. Erstens ist die Rolle der
Messung gerade in allen Grundlagen der *QP* (eher als in ihrem experimentellen Text) besonders hervorgehoben worden, und zwar wegen der philosophischen Lehrmeinung, daß
es bedeutungslos sei, von etwas zu sprechen, das nicht beobachtet wird. Zweitens gibt
es tatsächlich sehr wenige Berechnungen von Objekt-Apparat-Wechselwirkungen und diese
wenigen machen Idealisierungen, die sie fast wertlos machen: in einigen Fällen wird angenommen, daß die zwei in Frage kommenden Systeme Punkt-Teilchen sind, in anderen
wird eine willkürliche Hamiltonsche Wechselwirkung behauptet und in einigen weiteren wird
angenommen, daß die „Wechselwirkung" keine dynamische Veränderung im atomistischen
System hervorbringt — was genau der klassische Fall ist.

Wir ziehen daraus den Schluß, daß sich die *QP* und *CP* tatsächlich im Hinblick
auf die Messung unterscheiden, aber nicht genau auf diese Art und Weise, die von der Stan-
dard-Interpretation angegeben wird: (*a*) deshalb, weil der Meßprozeß rein physikalisch ist
(wie dies z. B. von George, Prigogine und Rosenfeld [9] anerkannt wird), (*b*) weil die allgemeinen Quantentheorien keinen Bezug auf Meßinstrumente enthalten, die anders sind
als die ritualen Aussagen der Interpretation in operationalen Termini, (*c*) weil die sehr
überschätzte Quantentheorie der Messung keine realistischen Probleme gelöst hat und folglich nie einem Test unterworfen worden ist.

## 11.        Dualität

Es wird oft behauptet, daß die *QP* in anderer Weise als die *CP* dualistisch in
dem Sinne sei, daß sie Partikel mit Hilfe der $\psi$-Wellen und Felder mit Hilfe der Quanten
beschreibt.

Doch sowohl die Kontinuum-Mechanik als auch die klassische Elektrodynamik
erfordern die Begriffe des Partikels und des Feldes, wobei keiner von beiden auf den jeweils
anderen reduzierbar ist. Auch die Standardtheorie der Gravitation macht diesen Unterschied nicht unscharf, obgleich sie Körper mit elektromagnetischen Feldern zusammen-
gruppiert und Gravitationsfelder von den ersteren auseinanderhält.

Es ist ganz richtig, daß es in der *QP* duale Eigenschaften gibt — z. B. die Feld-
Amplitude und die korrespondierende Besetzungszahl, die miteinander nicht kommutativ
sind. Aber die *QP* postuliert nicht, daß jedes physikalische System aus zwei unterschied-

lichen Substanzen besteht — nämlich zu je einem kleinen Teil aus Körper und Feld. Wenn
überhaupt, dann ist die $QP$ weniger dualistisch als die $CP$, denn letzten Endes wird die
Beschreibung der spezifischen Arten von Materie und Feld mittels der zweifach gequantel-
ten Theorien durchgeführt, von denen alle Feldtheorien sind: d. h., daß letztlich in der $QP$
der Feldbegriff ein grundlegender Begriff ist. (Es ist wahr, daß das Feld manchmal zugunsten virtueller Quanten ausgeschaltet wird und Wechselwirkungen werden mit Hilfe des
Feldes als Austauschungen von virtuellen Quanten abgebildet. Das sind aber nur Metaphern.)

Der Dualismus — in den frühen Tagen der $QP$ rechtfertigungswürdig — ist nicht
mehr länger zu rechtfertigen, denn er führt zu Widersprüchen: man denke an die „Beugung"
von „Partikeln" durch ein spaltförmiges System. Keines der Postulate der $QP$ berechtigt
uns zu glauben, daß ein Atom sowohl Korpuskel als auch Welle ist. Soweit es sich um die
ersten quantisierten Theorien handelt, sind die Begriffe der Teilchen und der Wellen nur
klassische Analoga, die im besten Falle extreme (daher ungewöhnliche) Situationen erfassen.

Fassen wir zusammen: die $QP$ ist weniger oder jedenfalls nicht mehr dualistisch
als eine $CP$, denn die zweite Quantelung gibt den Feldern den Vorrang, während „Partikeln" nur „Feld-Quanten" sind. Und die Interpretation der ersten quantisierten Theorien
mittels der Termini Teilchen und Welle ist metaphorisch und inkonsistent.

## 12.　Die Rolle des Raumes und der Zeit

Es ist bemerkt worden, daß Raum und Zeit in der $QP$ eine geringere Rolle spielen als in der $CP$; erstens deshalb, weil es quantentheoretische Variable wie Parität, strangeness und Spin gibt, die nicht mittels der $x$- und $p$-Koordinaten analysiert werden können;
zweitens deshalb, weil es in der $QP$ kaum Bahnen gibt — ausgenommen Feynmans mögliche Bahnen und die mittleren Bahnen.

Mit einigen Einschränkungen sind wir mit dem oben Gesagten einer Meinung:
eine Einschränkung betrifft die $CP$, zwei die $QP$. Man soll sich daran erinnern, daß auch
die $CP$ eine Anzahl von nicht-raum-zeitlichen Eigenschaften kennt — wie Masse, elektrische
Ladung, spezifische Wärme und elektrische Leitfähigkeit. Auch soweit es sich um das
Nichtvorhandensein von definiten Bahnen im Konfigurationsraum handelt, ist dies nicht
für die $QP$ eigentümlich: auch haben Ausgleichsvorgänge in elektrischen Stromkreisen oder
Phasenübergänge in der Thermodynamik keine kinematische Bedeutung. Nicht jede Theorie
braucht kinematische Probleme zu lösen. In dieser Hinsicht ist die $QP$ der Thermodynamik
näher als der Partikel-Mechanik. Die $QP$ hat ursprünglich nicht beabsichtigt, ballistische
und astronomische Probleme zu lösen. Wenn man den Namen „Mechanik" aufgibt, dann
wird man auch aufhören darüber zu klagen, daß die $QP$ versagt, die Pflichten der klassischen
Mechanik zu erfüllen.

Eine die $QP$ betreffende Einschränkung ist folgende. Es ist wahr, daß es quantentheoretische Variable gibt, die keine raum-zeitlichen Wurzeln haben. (Nebenbei sei bemerkt, ist Parität nicht eine von diesen, wie von Epstein [10] gezeigt wurde.) Aber jeder
quantentheoretischen Variablen $P$ kann eine Dichte $\overline{\psi}P\psi$ zugeschrieben werden, welche
in Raum und Zeit definiert wird. Und das ist in der $QP$ nicht immer möglich: so ergibt
es keinen Sinn, dasselbe mit der Masse oder mit dem Ort eines Punkt-Partikels durchzuführen.

Eine zweite Einschränkung betrifft die viel besprochene Korrespondenz zwischen stationären Quantenzuständen einerseits und den klassischen periodischen Umlaufbahnen andererseits, welche mittels der Approximationsmethoden wie WKB studiert werden können. Gleichgültig wie genau die Korrespondenz zwischen Quanten-Zuständen und Umlaufbahnen ist, so ist es eine Korrespondenz zwischen einzelnen Zuständen und nicht abzählbaren Gruppen von Umlaufbahnen. Außerdem bringen die Methoden für die approximative Quantenmechanik mittels klassischer Partikelmechanik im äußersten Fall annähernde Energieeigenwerte hervor (siehe z. B. Gutzwiller [11].) Schließlich gestatten es diese Methoden nicht, die $QP$ unberücksichtigt zu lassen — gegen alle Erwartung — erklären sie letztere auch nicht. Jede revolutionäre Theorie muß eher in ihren eigenen Termini als mittels der Termini vorhergehender Theorien verstanden werden, und das umso mehr, wenn es zwischen Ihnen einen Konflikt gibt, wie das zwischen der $QP$ und der $CP$ der Fall ist.

Wir können entnehmen, daß sowohl die $QP$ als auch $CP$ nicht-raum-zeitliche Variable enthalten, aber es ist wahr, daß die Kinematik in der $QP$ unterbewertet wird — wenngleich (auch) nicht mehr als in der Thermostatik oder der elektrischen Netzwerk-Theorie.

## 13.     Typische quantentheoretische Variable

Es wird gewöhnlich behauptet, die $QP$ involviere Variable eigener Art, die keine klassischen Analoga haben und nicht einmal mit Hilfe quantentheoretischer Orts- und Impulsoperatoren ausgedrückt werden können — wie z. B. Drehung und Parität.

Diese Behauptung ist richtig. Selbst wenn es klassische Theorien über Teilchen mit Spineigenschaften gibt, verwenden sie nicht den gleichen Spinbegriff, was durch die Tatsache gezeigt wird, daß die Voraussetzungen, die ihn charakterisieren, nicht die gleichen sind, (vor allem sind die Komponenten eines klassischen Spin-Vektors kommutativ. Andererseits kann der klassische Spin nicht klassisch interpretiert werden, denn es ergibt keinen Sinn, einem Punkt-Partikel die eigentliche Rotation zuzuschreiben. Der klassische Spin müßte als eine phänomenologische Variable aufgefaßt werden, die die Wirkung eines äußeren Feldes auf die Bewegung des Partikels darstellt.) Gleicherweise gibt es keinen Zweifel darüber — obgleich der Paritätsoperator mit Hilfe der $x$- und $p$-Koordinaten dargestellt werden kann, wie dies im letzten Abschnitt erläutert worden ist — daß diesem bis dato keine klassische Interpretation zuteil geworden ist.

Fassen wir zusammen: die $QP$ hat typische Variablen — was nicht überrascht, denn sie ist gegenüber der $CP$ eine radikale neue wissenschaftliche Theorie.

## 14.     Algebra

Es wird gewöhnlich behauptet, daß die Algebra der $QP$ von jener der $CP$ verschieden sei, weil einige der Observablen (dynamischen Variablen) der ersteren nicht miteinander kommutativ sind. Die Standardinterpretation der Nichtkommutativität ist folgende: nicht-kommutative „Observable" sind nicht gleichzeitig meßbar.

Angesichts dieser Tatsache ist die Behauptung eines Unterschiedes in der algebraischen Struktur wahr. Allerdings haben neuere Untersuchungen (Alonso *u. a.* [12] und

Kalany *u. a.* [13]) gezeigt, daß es ohne entweder die Bewegungsgleichungen der klassischen Mechanik oder ihre Interpretationen zu verändern, möglich ist, diese Theorie mit einer zusätzlichen Algebra auszustatten, die zur Algebra der gewöhnlichen Quantenmechanik isomorph ist. Tatsächlich werden durch die Einführung einer neuen binären Operation $*$ in die Gruppe der (kommutierbaren) kanonischen Variablen, die letzteren so gesehen, daß sie die Kommutationsrelationen der folgenden Form befriedigen: $w_i * w_k - w_k * w_i = ig\{w_i, w_k\}$ wobei die $w_i$ die verallgemeinerten Koordinaten oder Impulse sind und die Klammern die Poisson-Klammer indizieren.

Die Fermi-Algebra ist für die $QP$ auch nicht eigentümlich. Die entsprechende Jordan-Algebra kann tatsächlich in der $CP$ über neue symmetrische Klammern (Droz-Vincent [14], Franke und Kalnay [15], Kalnay und Ruggeri [16]) wieder aufgefunden werden. Das ist, obgleich überraschend, doch nicht mysteriös: die Tatsache, daß eine gegebene mathematische Theorie sowohl in der $QP$ als auch in der $CP$ vorkommt, impliziert nicht, daß eine entsprechende physikalische Interpretation die gleiche ist.

Was die Interpretation der Nicht-Kommutativität mit Hilfe der Meßbarkeit betrifft, ist diese nicht gerechtfertigt, obgleich das allgemein angenommen wird. Die Möglichkeit des Messens von irgendwelchen Variablen hängt tatsächlich nicht nur von letzteren ab, sondern auch von den Meßgeräten: ohne die letzteren zu spezifizieren, ist es nicht möglich, irgendwelche Erklärungen über die Meßbarkeit zu machen. Es gibt keine universalen Meßinstrumente und daher auch keine universale Meßtheorie. Keine einzelne Theorie — ob quantentheoretisch oder klassisch — kann irgendetwas Definites über Meßbarkeit aussagen: die Konstruktion jedes Meßinstrumentes involviert ein ganzes Bündel von Theorien, bereichert um spezifische Informationsteile, soweit es die Herstellung der Instrumente betrifft. Nach unserer Sichtweise ist eine korrekte Interpretation der Nicht-Kommutativität von zwei dynamischen Variablen die folgende: wenn sie in einem gegebenen Zustand zum gleichen physikalischen System gehören, dann haben die Variablen keine gleichzeitigen präzisen Werte, sondern nur gleichzeitige präzise Verteilungen.

Daraus können wir entnehmen, daß die Unterschiede in der algebraischen Struktur nicht irgendwelche spezifischen Unterschiede zwischen $QP$ und $CP$ konstituieren, und zwar weder von der formalen noch von der Interpretationsseite her gesehen.

## 15. Hilbert-Raum

Es wird fast allgemein geglaubt, daß die $CP$ vom Hilbert-Raum-Formalismus keinen Gebrauch macht, und daß letzterer für die $QP$ wesentlich ist.

Die erste Behauptung ist nicht ganz korrekt. Eine klassische Theorie, vorausgesetzt daß sie in die Hamiltonsche Form gegossen werden kann, kann auch mit Hilfe des Hilbert-Raum-Formalismus ausgedrückt werden (Koopman [17]).

Der sich auf ein dynamisches System beziehende Hilbert-Raum wird auf dem entsprechenden Phasen-Raum definiert und die Metrik des Ersteren wird gegeben durch das innere Produkt

$$(\varphi, \psi) = \int_\Omega \rho\, \varphi\, \overline{\psi}\, d\omega$$

wo $\int_\Omega \rho\, d\,\omega$ eine Invariante unter dem Automorphismus von $\Omega$ ist. Dementsprechend kann die Operatormethode in der klassischen Mechanik verwendet werden (von Neumann [18]).

Umgekehrt ist es möglich, Quantenmechanik ohne irgendwelche Operatoren zu formulieren, nämlich durch Verwendung der Phasenraum-Methode, in welcher nur $c$-Zahl-Funktionen vorkommen, wie von Moyal [19], Agarwal und Wolf [20] und Ruggeri [21] und anderen gezeigt wurde. Um aber die vollständige Äquivalenz zwischen der Operator-Methode und der Phasen-Raum-Methode herzustellen, müßte die letztere mit Hilfe eines Singulärsystems („Partikels") neu interpretiert werden. Das könnte dadurch möglich sein, daß man die Gruppe als durch den Phasenraum wie eine Gibbs-Gruppe dargestellt erachtet. Trotzdem würden einige Schwierigkeiten zurückbleiben: Wenn die Dichten im Phasen-Raum nicht positiv-definit sind, können sie nicht als Wahrscheinlichkeitsdichten interpretiert werden. Das allein zeigt die Grenze der Phasen-Raum-Methode und dazu im Gegensatz den Vorteil der Hilbert-Raum-Methode.

Es muß anerkannt werden, daß die praktischen Probleme in der $QP$ nicht immer einen expliziten Bezug zum Hilbert-Raum haben müssen: sie können wie klassische Grenzprobleme in Angriff genommen werden. Der Hilbert-Raum-Formalismus wird in der gewöhnlichen Formulierung benötigt, um der Theorie eine gediegene mathematische Grundlage zu geben, wie dies durch von Neumann entdeckt wurde — dann ist das aber auch bei der klassischen Feldtheorie und der Kontinuums-Mechanik, in welchen ähnliche Grenzprobleme vorkommen und die Methoden der funktionalen Analyse mit Vorteil angewendet werden, der Fall. Selbst wenn es denkbar ist, daß die Dichte-Operator-Formulierung mit Hilfe des $B^*$ Algebra-Formalismus in einer von der Hilbert-Raum-Theorie unabhängigen Art erstellt werden könnte, dann müßte man doch zu alternativen Werkzeugen der funktionalen Analyse seine Zuflucht nehmen. Das würde sicher bei jeder nicht-linearen Quantentheorie der Fall sein.

Fassen wir zusammen: der Hilbert-Raum-Formalismus ist für die $QP$ charakteristisch, ist aber keine Eigentümlichkeit in ihrer gewöhnlichen Formulierung. Er kann auch in der $CP$ angewandt werden und mit Einschränkungen kann er auch in der $QP$ durch alternative Methoden ersetzt werden. Sowohl die $QP$ als auch die $CP$ haben das Recht, die Funktionalanalysis zu verwenden; d. h. Räume zu verwenden, die anders sind als jene, die den gewöhnlichen physikalischen Raum repräsentieren. Die endgültige Ansicht ist dann die, daß die Hilbert-Räume für die $QP$ nicht typischer sind als nicht-kommutative Algebren.

## 16.        Logik

Gelegentlich ist behauptet worden, daß die $QP$ eine eigene Logik braucht, eine „Quantenlogik", weil die $QP$ nicht-kommutative „Observable" enthält und weil es nicht die Wahrscheinlichkeiten sind, sondern Wahrscheinlichkeitsamplituden, die Zusätze und Eingriffe bewirken.

Was gewöhnlich „Quanten-Logik" genannt wird, ist gewöhnlich nicht eine Theorie der Deduktion — eine Logik im eigentlichen Sinne — sondern eine Algebra nicht-kommutierbarer Operatoren (z. B. Birkhoff und von Neumann [22], Mackey [23]). Tatsächlich aber setzen diese Algebra und der ganze mathematische Formalismus der $QP$

die Standardlogik voraus, d. h. den gewöhnlichen Prädikatenkalkül. Wenn die *QP* eine nicht-kanonische Logik in sich eingebaut hätte, dann sollte sie sich von Schlußregeln eigener Art deutlich abheben, die bei der Ableitung einiger Theoreme bisher in der *QP* verwendet werden. Doch sind keine derartigen abweichenden Schlußfolgerungsschemata entdeckt worden — ausgenommen natürlich in dem Versuch, die quantentheoretischen Formeln in entweder klassischen oder operationalistischen Termini zu interpretieren. Und dies mit gutem Grund, weil der formale Aspekt jeder wissenschaftlichen Theorie von der gewöhnlichen Mathematik versorgt wird, deren zugrundeliegende Logik die Standardlogik ist. Und außerdem: wenn es eine logische Differenz zwischen *QP* und *CP* gäbe, dann wäre es untauglich, Fragmente der beiden zusammenzumischen, wie wir das z. B. bei der ersten Quantelung tun, wenn wir von der klassischen Elektrodynamik elektromagnetische Vierer-Potentiale ausborgen. Wenn sich die formalen Strukturen des Schlußfolgerns von einer zur anderen Theorie unterscheiden würden, könnten wir auch nicht die Korrespondenz-Prinzipien oder experimentellen Daten (die immer mit Hilfe der *CP* erstellt werden) herausnehmen, um die *QP* zu prüfen. Wenn es schließlich eine Quantenlogik gäbe, dann sollte sie irgendwie die Plancksche Konstante und die klassische Näherungslogik wie $h \to o$ enthalten — was wirklich grotesk wäre. Aber es gibt keine Quantenlogik und es gibt auch keine Notwendigkeit für sie. Was wahr ist, ist folgendes: wenn man darauf besteht, gewissen quantenmechanischen Ausdrücken eine klassische Interpretation zuzuweisen, dann könnten Widersprüche auftreten, wie wenn man sich erlauben würde, über Wellenlängen eines Punktpartikels zu sprechen.

Wir schließen damit, daß die *QP* und die *CP* logisch eins sind.


### Schlußfolgerungen

Wir haben sechzehn angeführte Unterschiede zwischen *QP* und *CP* untersucht und herausgefunden, daß einige davon echte und einige davon nicht echte Unterschiede sind. Außer jenen Unterschieden gibt es andere, die wir nicht der Untersuchung unterworfen haben, weil sie für gewöhnlich von Leuten, die in der *QP* arbeiten, nicht bestritten werden. Wir fassen unsere Studie zusammen, indem wir die folgenden Charakteristika der *QP* der *CP gegenüberstellen:*

(i)      es gibt besondere physikalische Variable, wie Spin, Strangeness und Parität; einige von diesen haben klassische Simulatoren mit unterschiedlicher Interpretation;

(ii)      es gibt besondere Bewegungs- und Feldgleichungen, die in der *CP* nachgeahmt werden können, obwohl auch hier wieder mit unterschiedlichen Interpretationen;

(iii)      die Dominanz der primären oder induziblen Wahrscheinlichkeiten;

(iv)      die Quantenstatistik, insbesonders die Fermi-Diracsche, die eine typisch quantentheoretische Hypothese voraussetzt, nämlich das Ausschließungsprinzip (Pauli-Prinzip);

(v)      die Aufmerksamkeit auf qualitative Veränderungen (dargestellt durch „Erzeugungs"- und „Vernichtungs"-Operatoren), was in der *CP* weitgehendst ignoriert wird;

(vi)      eine besondere (nichtklassische) Interpretation des mathematischen Formalismus, die viel eher durch den grundlegenden stochastischen Charakter als durch eine Allgegenwart des Beobachters vorgeschrieben wird;

(vii)          keine eigene Kinematik, ausgenommen für Mittelwerte und im klassischen Grenzbereich;

(viii)          die Notwendigkeit die Störungen am Mikrosystem in Betracht zu ziehen, die durch den Meßapparat (sofern anwesend) verursacht werden — ohne jedoch Implikationen der Rolle des menschlichen Geistes bei physikalischen Ereignissen anzuführen;

(ix)          eine größere Genauigkeit und Tiefe, was sowohl die Atom- und Molekularsysteme als auch einige Makrosysteme betrifft.

### Dankbare Anerkennung:

Einer von uns (M. B.) ist der John Simon Guggenheim Memorial Foundation für ein Stipendium zu Dank und dem Filosofisk Institut, Aarhus Universität für die Gastfreundschaft verpflichtet. A. J. K. möchte dem Matematisk Institut, Aarhus Universität, für die Gastfreundschaft danken. Beide Autoren danken Professor Luis De la Peña Auerbach für seine kritische Durchsicht eines früheren Entwurfes.

## Literatur

[1]    *L. de la Peña Auerbach,* J. Math. Phys. **10**, 1620 (1969).

[2]    *M. Surdin,* Int. J. Theor. Phys. **4**, 117 (1971).

[3]    *T. W. Marshall,* Proc. Roy. Soc. **A 276**, 475 (1963).

[4]    *T. H. Boyer,* Phys. Rev. **186**, 1304 (1969).

[5]    *M. Born,* Z. Physik **153**, 372 (1958).

[6]    *N. Bohr,* Atomic Physics and Human Knowledge (John Wiley and Sons, New York, 1958).

[7]    *J. v. Neumann,* Mathematical Foundations of Quantum Mechanics (Princeton University Press, Princeton, 1955).

[8]    *H. P. Stapp,* Phys. Rev. **D 3**, 1303 (1971).

[9]    *C. George, I. Prigogine,* and *L. Rosenfeld,* The Macroscopic Level of Quantum Mechanics, Kongel. Danske Videnskab. Selskab. Matematisk-fysiske Meddelelser **38**, 12 (1972).

[10]   *S. T. Epstein,* Am. J. Phys. **35**, 375 (1965).

[11]   *M. C. Gutzwiller,* J. Math. Phys. **12**, 343 (1971).

[12]   *V. Alonso, A. J. Kálnay* and *J. D. Mujica,* Int. J. Theor. Phys. **3**, 165 (1970).

[13]   *A. J. Kálnay, V. Alonso, W. Franke* and *J. D. Mujica,* forthcoming.

[14]   *P. Droz-Vincent,* Ann. Inst. Henri Poincaré Sec. **A 5**, 257 (1966).

[15]   *W. Franke* and *J. Kálnay,* J. Math. Phys. **11**, 1729 (1970).

[16]   *A. J. Kálnay* and *G. J. Ruggeri,* Int. J. Theor. Phys. **6**, 167 (1972)

[17]   *B. O. Koopman,* Proc. Natl. Acad, Sci. **17**, 315 (1931).

[18]   *J. v. Neumann,* Ann. Math. **33**, 587 (1932).

[19]   *J. E. Moyal,* Proc. Camb. Phil. Soc. **45**, 99 (1949).

[20]   *G. S. Agarwal* and *E. Wolf,* Phys. Rev. **D 10**, 2187 (1970).

[21]   *G. J. Ruggeri,* Prog. Theoret. Phys. **46**, 1703 (1971).

[22]   *G. Birkhoff* and *J. v. Neumann,* Ann. Math. **37**, 823 (1936).

[23]   *G. Mackey,* The Mathematical Foundations of Quantum Mechanics (W. A. Benjamin, New York, 1963).

# Realistische Interpretation der Quantenmechanik

Kurt Baumann, Universität Graz.

Johann von Neumann war der erste, der eine in sich geschlossene Interpretation des Formalismus der Quantenmechanik gegeben hat. Sie wird nach einem Vorschlag von Wigner die orthodoxe Interpretation genannt. Obwohl die orthodoxe Interpretation auf der Kopenhagener Deutung der Quantenmechanik aufbaut, darf sie mit dieser nicht gleichgesetzt werden. Nur die orthodoxe Deutung ist axiomatisch aufgebaut und nur v. Neumann beschreibt den Meßprozeß durch den Formalismus der Quantenmechanik. Die formale Präzision der von Neumannschen Interpretation hat kein Gegenstück in der Kopenhagener Deutung. Gerade aus diesem Grunde ist nur sie als Ausgangspunkt geeignet, wenn die Interpretation der Quantenmechanik neu durchdacht werden soll.

Eine Konsequenz der orthodoxen Deutung ist, daß es keine objektiv-reale Wirklichkeit gibt. Nur das bewußte Zurkenntnisnehmen von Meßergebnissen ist real. Das heißt, daß durch die Quantentheorie eine philosophische Vorentscheidung getroffen wird, wenn keine andere Deutung möglich ist als die orthodoxe. Die Quantentheorie, orthodox interpretiert, entscheidet gegen einen philosophischen Realismus.

Das Dilemma zwischen Quantenmechanik und Realismus hängt mit dem eigentümlichen Wahrscheinlichkeitsbegriff zusammen, der in der Quantenmechanik gebraucht wird. Betrachten wir ein Standardbeispiel*). Aus einem Ofen tritt ein Strahl von Wasserstoffmolekülen aus. Die Moleküle passieren einen Spalt, hernach werden ihre Auftreffpunkte auf einem Schirm registriert. Die Strahlintensität sei so gering, daß zu jeder Zeit nicht mehr als ein Molekül zwischen Ofen und Schirm unterwegs ist. Nachdem hinreichend viele Moleküle den Schirm erreicht haben, zeichnet sich auf diesem ein typisches Beugungsbild ab. Dieses Beugungsbild sieht ganz anders aus, wenn der Molekularstrahl durch einen Doppelspalt geht statt durch einen einfachen Spalt. Im ersten Fall zeigt das Beugungsbild Details, die durch Interferenz zwischen den beiden Strahlen entstanden sind, welche zu den beiden Spalten gehören. Daraus ist zu schließen, daß ein Molekül seinen Weg nicht durch einen bestimmten Spalt nimmt, sondern daß es sich etwa mit gleicher Wahrscheinlichkeit in jedem der beiden Strahlen befindet. Da die beiden Strahlen miteinander interferieren, kann damit nicht nur unsere Unkenntnis der genauen Molekülbahn gemeint sein, sondern es muß eine objektive Unbestimmtheit vorliegen. Obwohl also ein Wasserstoffmolekül selbst eine nicht ganz einfache räumliche Struktur hat, hat es doch vor dem Auftreffen auf dem Schirm nicht die Eigenschaft, sich an einem bestimmten Ort zu befinden.

Noch merkwürdiger aber als die beschriebene Unbestimmtheit eines Molekülzustandes ist die Tatsache, daß sich diese Unbestimmtheit gemäß der orthodoxen Deutung

---

*) Die wirklichen Molekularstrahlexperimente werden anders durchgeführt als hier beschrieben, ihre Diskussion ist aber weniger einfach.

der Quantenmechanik auch auf makroskopische Zustände übertragen kann. Angenommen, wir ergänzen die vorhin beschriebene Anordnung durch ein Registriergerät, welches immer dann anspricht, wenn ein Molekül die obere Hälfte der Beugungsfigur trifft. Nachdem das erste Molekül den Schirm erreicht hat, ist der Zustand des Registriergeräts unbestimmt. Er ist zu beschreiben durch die Superposition zweier makroskopisch verschiedener Zustände. In dem einen hat das Gerät ein Molekül registriert, in dem anderen nicht. Wenn ich das Gerät ansehe, sehe ich allerdings nur einen der beiden möglichen Zustände. Ich darf aber nicht annehmen, daß das, was ich beobachte, schon vor meinem Hinsehen real war. Denn wiederum interferieren die beiden Zustände, und das könnten sie nicht, wenn in jedem Einzelfall nur einer von ihnen real wäre.

Wir dürfen also nicht annehmen, daß es eine Wirklichkeit gibt, die unabhängig davon existiert, ob wir sie beobachten oder nicht. Und dies gilt nicht nur für die Eigenschaften von Atomen und Molekülen, deren Messung komplizierte Apparate erfordert, sondern auch für das bloße Hinsehen auf einen Gegenstand in unsere Umgebung.

Von den revolutionären Vorstellungen Bohrs, Heisenbergs und v. Neumanns ging eine derartige Faszination aus, daß zunächst bei den Physikern wenig Bereitwilligkeit zur Kritik bestand. Erst mit den Fünfzigerjahren ist das Interesse an der Überwindung des Widerspruches zwischen Quantenmechanik und Realismus erwacht. Die Diskussion entfachte sich an der folgenden Beobachtung. Wenn bei einem Meßprozeß der Zustand des Meßapparates in eine Superposition von makroskopisch verschiedenen Zuständen übergeht, dann sind die Interferenzeffekte zwischen diesen so klein, daß man sie immer vernachlässigen kann. Alle praktisch meßbaren Eigenschaften des Meßapparates sind daher die gleichen, wie wenn er sich in einem bestimmten makroskopischen Zustand befände. Man schloß daraus, daß die Annahme objektiver makroskopischer Zustände nicht in Widerspruch zur Quantenmechanik stünde.

Diese Schlußfolgerung ist aber nicht richtig. Daß man die Interferenzen zwischen makroskopischen Zuständen praktisch nicht beobachten kann, war zweifellos auch v. Neumann bekannt. Aber grundsätzlich sind die Interferenzglieder immer vorhanden. Im übrigen kann die neue Interpretation die orthodoxe schon deshalb nicht ersetzen, weil sie widerspruchsvoll ist: Man operiert mit der orthodoxen Interpretation, wenn es sich um kleine Systeme handelt, und geht bei hinreichend großen Systemen zu einer anderen Interpretation über.

Diese Einwände lassen sich aber vollkommen beseitigen, wenn ein weiterer Gesichtspunkt berücksichtigt wird: die unvermeidliche Kopplung des Meßobjekts an seine Umgebung. Wir werden sehen, daß sowohl die Interferenzen zwischen den Komponenten eines Zustandes wie auch die Meßbarkeit dieser Komponenten durch jene Kopplung gestört oder sogar zerstört werden.

Betrachten wir etwa den Meßprozeß. Es handelt sich dabei darum, eine Korrelation zwischen den Quantenzuständen des Objekts und den makroskopischen Zuständen des Meßapparats herzustellen. Die Beobachtung des makroskopischen Zustandes des Meßapparats läßt dann einen eindeutigen Rückschluß auf den Quantenzustand des Objekts zu. Infolge der Wechselwirkung mit seiner Umgebung führt das Objekt von Zeit zu Zeit Quantensprünge aus, welche die Korrelation zerstören. Diese Quantensprünge zerstören meist auch die Kohärenz mit dem Anfangszustand und damit die Interferenzfähigkeit.

Ich werde jetzt plausibel machen, daß bei makroskopischen Objekten das Stören immer auf ein Zerstören hinausläuft. Nehmen wir der Einfachheit halber an, das System aus Meßobjekt und Meßapparat befinde sich vor der Messung in einem stationären Zustand (also in einem Zustand, dessen Eigenschaften sich mit der Zeit nicht ändern). Die für die Messung verantwortliche Wechselwirkung von Objekt und Meßapparat bewirkt, daß nach der Messung viele andere stationäre Zustände beigemischt sind, die alle mit dem anfänglichen Zustand entartet (d. h. energiegleich) sind, aber zu anderen makroskopischen Zuständen gehören. Die Interferenzglieder zwischen den verschiedenen Zuständen werden verwaschen, wenn die Energie nur ungenau definiert ist. Damit die Energie sehr genau definiert ist, muß die Dauer des Experiments sehr groß sein. Jene Dauer, welche gerade noch ausreicht, um die Interferenzen zu sehen, ist offenbar verkehrt proportional zur Größe der ungestörten Interferenzen. Wegen der ungeheuren Kleinheit der Interferenzglieder bei makroskopischen Systemen muß bei diesen die Dauer des Experiments sehr groß sein. Andererseits muß diese Dauer kleiner sein als die durch die Kopplung an die Umgebung begrenzte Lebensdauer der stationären Zustände. Da die Lebensdauer mit wachsender Teilchenzahl eines Systems gegen Null geht, sind oberhalb einer gewissen Teilchenzahl die Bedingungen für das Auftreten von Interferenzen sicher nicht erfüllbar. Insbesondere sind sie für makroskopische Objekte nicht erfüllbar.

Es ist also nicht richtig, daß die Interferenzglieder strenggenommen immer existieren. Sie existieren nur bei hinreichend kleinen Systemen. Es ist auch nicht richtig, daß man bei verschieden großen Systemen mit verschiedenen Interpretationen operiert. Was man interpretiert, ist in jedem Fall der Zustand des Systems bei Vernachlässigung der Kopplung an die Umgebung. Dieser Zustand kommt bei einem kleinen System dem wirklichen Zustand sehr nahe, bei einem makroskopischen System aber hat er mit der Wirklichkeit überhaupt nichts mehr zu tun.

Der Widerspruch zwischen Quantenmechanik und Realismus ist damit beseitigt. Die orthodoxe Interpretation liefert kein Argument gegen objektiv-reale Zustände makroskopischer Objekte, weil sie über die wirklichen Zustände makroskopischer Objekte gar nichts aussagt. Die merkwürdigen Unbestimmtheiten der Zustände von Atomen und Molekülen übertragen sich nicht auf die makroskopische Welt.

Die orthodoxe Interpretation ist hinfällig, da sie auf reale Systeme aus vielen Teilchen nicht anwendbar ist. Sie scheitert an der kurzen Lebensdauer der Quantenzustände dieser Systeme. Das einzige makroskopische System, bei dem dieser Einwand nicht zutrifft, ist das Universum als Ganzes. Aber für die Quantenzustände des Universums gibt es überhaupt keine orthodoxe Interpretation. Denn bei dieser Deutung der Quantenmechanik ist die Trennung der Welt in einen beobachtenden und einen beobachteten Teil wesentlich. Eine realistische Interpretation der Quantenmechanik liegt vor, sobald die Quantenzustände des Universums interpretiert sind.

Es gibt bis jetzt keinen Hinweis, der gegen eine Anwendbarkeit der Quantenmechanik auf das Universum spricht. Die Quantenmechanik erklärt nach unserem heutigen Wissen alle Eigenschaften makroskopischer Körper. Diese Eigenschaften berechnen sich aus Schrödingergleichungen für Systeme aus unendlich vielen Teilchen. Die Grenzen der v. Neumannschen Theorie des Meßprozesses sind also keinesfalls die Grenzen der Quantenmechanik.

Um uns über die richtige Interpretation der Quantenzustände des Universums klarzuwerden, kehren wir nochmals zum Meßprozeß zurück. Als Meßprozeß bezeichnet man einen Vorgang der folgenden Art. Das Universum befindet sich in einem Quantenzustand aus einer Gruppe von Zuständen, die alle zum makroskopischen Zustand $A$ gehören. Diese Zustände sollen metastabil sein. Sie sind entartet mit einer viel größeren Gruppe von Zuständen, die zu einem anderen makroskopischen Zustand $B$ gehören. Die Umwandlung von $A$ nach $B$ wird katalytisch durch die Anwesenheit eines Mikrosystems, z. B. eines schnellbewegten Atoms, gefördert. Da die Anwesenheit des Atoms im allgemeinen mit einer Unbestimmtheit behaftet ist, erfolgt die Umwandlung mit der gleichen Unbestimmtheit. Der Zustand des Universums geht also in eine Superposition aus $A$ und $B$ über.

Die richtige Interpretation einer solchen Superposition können wir direkt der Erfahrung entnehmen, das Universum geht bei dem Meßprozeß *entweder* in den makroskopischen Zustand $A$ *oder* in den makroskopischen Zustand $B$ über. Die Wahrscheinlichkeit für das eine oder andere wird durch die Intensitäten der beiden Komponenten beschrieben.

Gegen siese Interpretation kann man allerdings wieder die Interferenz zwischen $A$ und $B$ ins Treffen führen. Obgleich das Universum keiner quantenmechanischen Messung unterzogen werden kann, ist diese Interferenz grundsätzlich beobachtbar, weil sie die makroskopischen Zustände zu späteren Zeiten beeinflußt. Der einfachste Ausweg aus dieser Schwierigkeit ist ein Universum mit unendlich vielen Freiheitsgraden; für ein solches verschwinden die Interferenzen exakt. Hat das Universum endlich viele Freiheitsgrade, so wäre Bohms Quantentheorie mit verborgenen Parametern ein Ausweg. In dieser Theorie bleiben die Interferenzen erhalten, dennoch befindet sich das Universum jederzeit in einem wohldefinierten Zustand*).

## Anhang

Es folgt ein kurzer Abriß des Meßproblems in mathematischer Form. Wir beginnen mit der v. Neumannschen Theorie [1].
Gegeben sei eine Wellenfunktion

$$\phi = \sum_i w_i^{1/2} \phi_i \tag{1}$$

$\{\phi_i\}$ sei ein orthonormales System, welches zu einer Observablen $A$ gehört:

$$A \phi_i = \alpha_i \phi_i \tag{2}$$

---

*) Everett und Wheeler haben eine Interpretation der Quantenmechanik gegeben, wonach alle Komponenten der Wellenfunktion des Universums gleich reale Welten beschreiben, zwischen denen keine Kommunikationsmöglichkeit besteht. Unsere Welt würde also bei jeder Messung in viele Welten aufspalten. Aber den einzelnen Welten müssen verschiedene Gewichte zugeordnet werden, was ihrer Realität widerspricht. Daher ist nach meiner Meinung diese Interpretation unhaltbar.

Bei einer Messung von $A$ verändert sich der statistische Operator wie folgt:

$$\phi\phi^* \to \sum_i w_i\, \phi_i\, \phi_i^* \tag{3}$$

Die rechte Seite ist ein Gemenge, in welchem der Zustand, in dem $A$ den Wert $\alpha_i$ hat, mit der Wahrscheinlichkeit $w_i$ beigemischt ist.

Ein Widerspruch zwischen (3) und der Schrödingergleichung für statistische Operatoren $\rho$

$$i\hbar\dot{\rho} = [H, \rho] \tag{4}$$

besteht nicht, weil zum Meßprozeß eine vorübergehende Kopplung zwischen Objekt und Meßapparat gehört. Während dieser Kopplung genügt der statistische Operator des Objekts nicht der Schrödingergleichung.

Man spricht von einem Meßprozeß, wenn die Kopplung von Objekt und Meßapparat folgende Veränderung des Gesamtsystems bewirkt:

$$\phi\Phi \to \sum_i w_i^{1/2}\, \phi_i \Phi_i \tag{5}$$

Dabei sei $\phi$ wiederum durch (1) gegeben, $\Phi$ sei die Wellenfunktion des Meßgerätes vor der Messung und $\{\Phi_i\}$ ein Orthogonalsystem von Zuständen des Meßgerätes. Die $\Phi_i$ sollen sich alle makroskopisch voneinander unterscheiden. Verkürzt man (5) auf den Hilbertraum des Meßobjekts, dann kommt man auf (3).

Die v. Neumannsche Theorie macht keinen Gebrauch von der Tatsache, daß der Meßprozeß ein irreversibler thermodynamischer Prozeß ist. In Wirklichkeit bewirkt die unvermeidbare Kopplung des Meßgeräts an seine Umgebung, daß sein Zustand $\Phi$ sich mit einer ungeheuren Zahl von Zuständen $\Phi_K$ mischt, die alle zum gleichen Makrozustand gehören. Die Wellenfunktion des Universums läßt sich also nach den $\Phi_K$ entwickeln. Die Koeffizienten $F_K$ dieser Entwicklung hängen von den Variablen des Restes der Welt ab und bilden kein Orthogonalsystem. Genau so mischt sich $\Phi_i$ mit einer Gesamtheit $\Phi_{iK}$. Der Zustand $\Sigma_K F_K \Phi_K$ gehört zur gleichen Energie des Meßgerätes wie die Zustände $\Sigma_K F_{iK} \Phi_{iK}$, ist aber metastabil. Das Objekt im Zustand $\phi_j$ koppelt ihn an die $\Phi_{jK}$ und bewirkt dadurch eine irreversible Umwandlung. Die Irreversibilität kommt daher, daß die Zahl der $\Phi_{jK}$ ($j$ fest) ungeheuer viel größer ist als die Zahl der $\Phi_{jK}$; durch diesen Umstand ist nach dem Ankoppeln der $\Phi_{jK}$ die Wahrscheinlichkeit für einen der Zustände $\Phi_K$ verschwindend klein. Die Wellenfunktion des Universums verändert sich also bei einem Meßprozeß annähernd wie folgt:

$$\phi \sum_K F_K \Phi_K \to \sum_i w_i^{1/2}\, \phi_i \sum_K F_{iK} \Phi_{iK} \tag{6}$$

Berücksichtigt man noch, daß auch das Meßobjekt an seine Umgebung gekoppelt ist, dann lautet die Transformation noch genauer

$$\phi \sum_K F_K \Phi_K \to \sum_i w_i^{1/2} \sum_{iK} F_{ijK}\, \phi_j \Phi_K \tag{7}$$

und beschreibt im allgemeinen keine Messung des Zustandes des Objekts. Für hinreichend kleine Objekte aber können die Koeffizienten $F_{ijK}$ mit $i \neq j$ klein sein, und man kann doch von einer Messung reden.

## Literatur

[1]  *J. v. Neumann*, Die mathematischen Grundlagen der Quantenmechanik. Berlin: Springer. 1932.

[2]  *G. Ludwig*, Z. Physik 135, 483 (1953).

[3]  *H. S. Green*, Nuovo Cimento 9, 880 (1958).

[4]  *A. Daneri, A. Loinger* und *G. M. Prosperi*, Nucl. Phys. 33, 297 (1962).

[5]  *H. D. Zeh*, Foundations of Physics 1, 69 (1970).

[6]  *K. Baumann*, Z. Naturforsch. 25a, 1954 (1970); Acta Phys. Austr. 36, 1 (1972).

[7]  *D. Bohm*, Phys. Rev. 85, 166, 180 (1952); 87, 389 (1952); 89, 319, 458 (1953).

[8]  *H. Everett III*, Rev. Mod. Phys. 29, 454 (1957).

[9]  *J. A. Wheeler*, Rev. Mod. Phys. 29, 463 (1957).

# Die Konstruktion von Erklärungen

Gerhard Frey, Universität Innsbruck

## 1. Das deduktiv-nomologische Schema systematischer Argumente

Zur Erinnerung sei das H-O-Schema in der von Hempel entworfenen Form vorausgestellt [1]. Es sollte in gleicher Weise, so meinte Hempel, für Prognosen, Erklärungen und Retrodiktionen gelten. Als Erklärungsschema werden die Prämissen Explanans, die Konklusion Explanandum genannt, für Prognosen könnte man entsprechend von Prognoscens und Prognoscetum sprechen.

1. *Antecedens-Bedingungen $C_1, C_2 \ldots C_k$*
2. *Allgemeine Hypothesen (Gesetze) $G_1, G_2, \ldots G_r$*  $\Big\}$ *Explanans (Prognoscens)*

3. *Explanandum E (Prognoscetum)*

Diese sollen nach Hempel sieben Adäquatsheitsbedingungen genügen.

*R1:* Das Explanandum muß eine logische Folge des Explanans sein.

*R2:* Das Explanans muß allgemeine Gesetze (Hypothesen) enthalten und diese müssen tatsächlich für die Herleitung des Explanandums verwendet werden.

*R3:* Das Explanans muß empirischen Gehalt haben, d. h. alle Sätze desselben müssen, zumindest grundsätzlich durch Experiment oder Beobachtung prüfbar sein.

*R4:* Die Sätze, aus denen das Explanans besteht, müssen wahr sein.

Aus *R1* und *R3* folgt dann, daß auch das Explanandum empirischen Gehalt haben muß. Ebenso folgt aus *R1* und *R4*, daß *E* auch wahr sein muß. Eine Feststellung, die für unsere Betrachtung von Wichtigkeit ist, da wir bei dem Aufsuchen einer Erklärung immer ausgehen von dem zu erklärenden *E*. Da es sinnlos ist, ein Ereignis, das nicht stattgefunden hat oder einen Sachverhalt, der nicht der Fall ist, zu erklären, muß bei Erklärungen immer angenommen werden, daß *E* wahr ist. Diese Feststellung ist insbesondere in Hinsicht auf die Revisionsbedürftigkeit der Adäquatheitsbedingungen wichtig. Um Schein- und Selbsterklärungen auszuschließen haben Hempel und Oppenheim drei weitere Bedingungen hinzugefügt:

*R5:* Die $G_1 \ldots G_r$ sind wesentlich generalisierte Sätze, d. h. sie enthalten nur Quantoren, die alle vorne stehen und sie sind nicht mit singulären Sätzen äquivalent.

Alle $C_i$ sind singulär.

*R6:* *E* ist in der vorausgesetzten formalen Sprache aus $C_1 \ldots C_k$ und $G_1 \ldots G_r$ zusammen herleitbar.

*R7* $G_1 \ldots G_r$ sind wenigstens mit einer Klasse von Basissätzen verträglich, die die $C_1 \ldots C_k$ zur logischen Folge haben, nicht aber *E*.

Die Untersuchungen von Eberle, Kaplan, Montague, Kim zeigten [2], daß auch diese Bedingungen nicht ausreichen um alle Selbst- und Scheinerklärungen auszuschalten. Auf diese Fragen werden wir vom logischen Gesichtspunkt nicht weiter eingehen.

## 2.        Die verschiedenen systematischen Argumente und ihr Aufgabencharakter

Schon auf Popper geht die These zurück, daß zwischen Erklärung und Prognose
kein wesentlicher logisch-struktureller Unterschied bestehe [3]. Diese These wurde dann
auch auf die Retrodiktion erweitert. Der Unterschied beziehe sich, so wird behauptet, nur
auf die Zeit-Pragmatik. Die Antecedentien enthalten Aussagen mit gegenwärtigen oder vergangenen Zeitparametern und ihre Gültigkeit muß zum Zeitpunkt der Aufstellung der Prognose bekannt sein. Das Prognoscetum enthält immer einen zukünftigen Zeitparameter. Für
die Antecedentien einer Retrodiktion gilt dasselbe; das Retrodictum muß einen vergangenen
Zeitparameter enthalten und seine Gültigkeit ist ebenso wie das Prognoscetum zur Zeit der
Aufstellung des Argumentes nicht bekannt [4]. Sie haben also eine sehr ähnliche Zeitpragmatik und können deshalb auch als „prognostische Argumente" zusammengefaßt werden.

Demgegenüber ist die Zeitpragmatik der Erklärung anders. Antecedentien und
Explanandum müssen gegenwärtige oder vergangene Zeitparameter enthalten und zum Zeitpunkt ihrer Aufstellung mußte die Gültigkeit aller dieser Sätze bekannt sein, wenn man die
Hempelschen Adäquatheitsbedingungen ernst nimmt. Wieweit dieselben aufrecht erhalten
werden können, erscheint sehr fraglich.

Nun geht es bei den verschiedenen systematischen Argumenten nicht nur um
ihre logische Struktur und ihre Zeitpragmatik. Wir können sie immer auch als Aufgabe auffassen. Hempels Fragestellung war bezüglich der Erklärung die, wann eine solche Erklärung
als wissenschaftlich korrekt (sound) angesehen werden kann. Wir wollen fragen, wie wir zu
einer korrekten Erklärung oder vielleicht auch nur zu einer Erklärungshypothese kommen.
Der Aufgabencharakter eines systematischen Argumentes hängt zwar mit der Zeitpragmatik zusammen, stellt aber doch ganz andere Probleme.

*a)*        *Allgemeine prognostische Argumente* (Wir fassen hier der Einfachheit halber
          Prognosen und Retrodiktionen zusammen):

Der Aufgabencharakter kann dahingehend charakterisiert werden, daß die
Antecedentien (Randbedingungen) und Gesetze bekannt sind, also als gegeben angesehen
werden, und daraus deduktiv ein Prognoscetum hergeleitet (berechnet) wird.

Das Hempelsche Schema orientiert sich an der formalen Logik. Man ist nach
seiner Formulierung geneigt, den Schluß vom Prognoscens auf das Prognoscetum als apodiktisch anzusehen, so wie bei einem Syllogismus aus den Prämissen die Conclusio notwendig
folgt. Die Sätze des Prognoscens sind die Prämissen und das Prognoscetum die Conclusio.
Daß dies jedenfalls ursprünglich von Hempel und Oppenheim so verstanden worden ist, geht
aus den Adäquatheitsbedingungen hervor.

Nun ist das Schema deshalb nicht eindeutig, weil im konkreten Fall noch nicht
gesagt ist, was denn vorausgesagt werden soll. Das Prognoscetum soll so wie das Explanandum einer Erklärung ein Satz sein, der ein Ereignis, eine Tatsache ausdrückt. Es wird aber
in den meisten Fällen nicht gesagt und erörtert, was denn unter Ereignis- oder Tatsachen-
aussage verstanden werden soll. (Wir müssen hier die Frage ausklammern, daß es anscheinend nicht immer möglich ist, eindeutig zwischen generellen Aussagen und akzidentellen
bzw. singulären Aussagen zu unterscheiden). Als gesichert wird man ansehen können, daß

Ereignisaussagen entweder explizit oder zumindest implizit spezielle Orts- und Zeitangaben enthalten. Wir können wenigstens drei Arten ereignisartiger Tatsachen unterscheiden:

1. Ereignisse im engeren Sinne. Bezeichnen wir die speziellen Orts- und Zeitangaben mit $q_1$ und $t_1$, so hat der Ereignissatz die Form $P\,(q_1, t_1)$.

2. Prozesse. Diese Art von Ereignissen wird durch Funktionen beschrieben. Außer den speziellen Orts- und Zeitkoordinaten $q_1$ und $t_1$ werden in ihnen Orts- und Zeitvariable $q$ und $t$ vorkommen, während wir alle anderen eventuell vorkommenden konstanten Parameter mit $a$ zusammenfassen. Der Prozeß wird dann beschrieben durch eine Aussage der Form $\Lambda_q\,\Lambda_t\,P\,(q, t, q_1, t_1, a)$. In manchen Fällen können auch mehrere spezielle Orts- und Zeitangaben vorkommen: $\Lambda_q\,\Lambda_t\,P\,(q, t, q_1 \ldots q_n, t_1 \ldots t_n, a)$.

3. Zustände, die z. B. durch eine Konstanzfunktion beschrieben werden können.

Ein Ballistiker kann auf Grund der mechanischen Gesetze und der Anfangsbedingungen ganz Verschiedenes prognostizieren. Da wäre zunächst im Sinne von (2) ein spezieller Schußprozeß, der durch eine ganz bestimmte Funktion einer Wurfparabel beschrieben wird, die spezielle Orts- und Zeitkoordinaten enthält. Es könnte weiters im Sinne von (1) das singuläre Ereignis des Auftreffens des Geschosses vorausberechnet werden, wenn unter den Antecedentien entsprechende Angaben über das Zielgebiet enthalten sind. Oder es könnte etwa im Sinne von (3) der Rotationszustand des Geschosses (der sogenannte Drall) während des Fluges vorausberechnet werden, wobei wir annehmen können, daß er für die Flugdauer in seiner absoluten Größe etwa konstant bleibt.

Schon aus diesen Überlegungen zeigt sich, daß eine Prognose nur sinnvoll als Aufgabe ist, wenn sie mit einer möglichst eindeutigen Fragestellung verbunden ist. Wenn die Prozeßfunktion bekannt ist, kann man nach beliebig vielen singulären Ereignissen im Sinne von (1) fragen: Wo wird das Geschoß im Zeitpunkt $t_i$ sein, wobei $i$ beliebig viele Werte annehmen kann. Die meisten „Prognosen" sind ohne einschränkende Fragestellung unendlich vieldeutig.

Die Fragestellung kann durch eine Reihe von Zusatzbedingungen zum Ausdruck gebracht werden. Das Prognosenschema ist um diese zu ergänzen:

1. Antecedensbedingungen $C_1 \ldots C_i$

2. Gesetze (generelle Hypothesen) $G_1 \ldots G_k$           Prognoscens

3. Zusatzbedingungen auf Grund der Fragestellung $Z_1 \ldots Z_e$

Prognoscetum $P$

Die Zusatzbedingungen müssen mit den Antecedensbedingungen und den Gesetzen verträglich sein. Da sie Postulatcharakter haben, sind es keine Aussagen und sind daher weder wahr noch falsch. Sie haben jedenfalls bei den prognostischen Argumenten hypothetischen Charakter. Die $C_n$ und $Z_j$ sind also logisch nicht gleichwertig. Man kann auch im Sinne des Hempel-Schemas die $Z_j$ nicht unter die Antecedentien $C_n$ rechnen. Wir wollen das prognostische Argument als vollständig bezeichnen, wenn aus dem Prognoscens (1)–(3) apodiktisch $P$ folgt. Die Prognose ist dann eindeutig. Das Prognoscens heiße redundant, wenn es Sätze enthält, die für die eindeutige Herleitung von $P$ überflüssig sind. Insbesondere müssen wir feststellen, daß die Vollständigkeit bzw. Redundanz der Antecedentien $C_n$ abhängt von den $G_i$ und $Z_j$. Insofern wir die Aufstellung jedes systematischen

Argumentes als Aufgabe auffassen können, liegt ihm eine Frage zugrunde. Wir wissen, daß
Fragen keine Aussagen sind, sie sind weder wahr noch falsch. Sie können vielmehr als Imperative (Sollsätze) aufgefaßt werden, die die befragte Person auffordern eine Aussage, die
den Fragebedingungen genügt, zu behaupten [5]. Da Imperative und daher auch Fragesätze
nicht in ein rein dedukt¹ves Schema eingehen können, kann das Hempel-Schema auch nach
der Erweiterung durch die Frage-Zusatzbedingungen $Z_j$ keine vollständige Darstellung einer
Prognose als Aufgabe geben. Wenn das gesamte prognostische Argument vorliegt, also Prognoscens und Prognoscetum, läßt sich die Frage beantworten, ob es vollständig, unvollständig oder redundant ist. Ist das Prognoscens unvollständig, so ist das prognostische Argument
im Sinne von Hempel anscheinend auch nicht korrekt. Ein unvollständiges Prognoscens
kann eine Menge von Prognosceta, einen Spielraum derselben, vorauszusagen erlauben. Das
Prognoscens kann etwa unvollständig sein im Sinne von (1) d. h. es kann nicht möglich sein,
ein Ereignis im engeren Sinne vorauszusagen, es kann aber sehr wohl möglich sein einen
Prozeß im Sinne von (2) vorauszusagen. In diesem Sinne ist dann das Prognoscens vollständig. Die Frage kann aber sogar auf einen Ereignisspielraum selbst gerichtet sein. In diesem
Falle fragen wir nach einer Gesamtheit möglicher Ereignisse.

*b)*         *Hypothetische Prognosen*

Während man einen ganzen Prozeßablauf zweifellos wohl noch als Ereignis
ansehen kann, so handelt es sich bei einem Spielraum der angegebenen Art um mögliche
Ereignisse, nach denen gefragt wird. Wir wollen in diesem Sinne von hypothetischen Prognosen sprechen. Die Gesetze sind wie bei allen Prognosen als gegeben anzusehen.

Andererseits müssen auch hier bestimmte Fragestellungen vorliegen. Von den
Antecedentien wird zumindest ein Teil hypothetisch angenommen; bzw. es wird ein Spielraum von Antecedentien bestimmter Art angenommen, um einen Spielraum möglicher
Ereignisse zu prognostizieren. Als Frage der letzten Art wäre das Beispiel anzusehen, daß
der Artillerist feststellen will, welchen Bereich er mit seiner Kanone von einer gegebenen
Stellung aus beschießen kann. Man sieht, daß hier immer die Aufgabe ist, mögliche Ereignisse, mögliche Eigenschaften und Dispositionen vorauszusagen.

Diese Problemstellung erfordert eine kurze Bemerkung über mögliche Ereignisse. O. Becker hat ein Ereignis als möglich zu definieren versucht, indem er sagt, daß es
mit den uns bekannten Naturgesetzen verträglich sein muß [6]. Nun zeigen unsere Überlegungen leicht, daß diese Becker'sche Definition nicht ausreicht. Dies hängt damit zusammen, daß kein Ereignis weder prognostiziert noch erklärt werden kann alleine nur aus Gesetzen. Die Verträglichkeit der Folgerungsereignisse mit den Gesetzen ist eine notwendige
aber keine hinreichende Bedingung. Ob ein Ereignis möglich ist hängt auch davon ab, ob
es Antecedentien (Randbedingungen) gibt, aus denen sie gefolgert werden können. Die
Frage nach der Möglichkeit von Ereignissen reduziert sich damit zum Teil auf diejenige
nach der Möglichkeit bestimmter Antecedentien.

Die hypothetische Prognose geht davon aus zu fragen, ob unter angenommenen
(hypothetischen) Antecedentien mittels des geltenden Gesetzes ein Ereignis einer bestimmten Art folgt (möglich ist). So war schon Kepler auf Grund seiner theoretischen Systematisierung zu der Überzeugung gelangt, daß es Venusdurchgänge geben müsse. Der Theoriebe-

griff steht hier nicht zur Diskussion, aber es kann sicher Theorien geben, die nicht bloß aus generellen Sätzen bestehen, sondern auch singuläre Aussagen (Randbedingungen) enthalten. In diesem Sinne mußte Kepler zur Beantwortung seiner Frage nicht nur seine generellen Hypothesen, sondern auch Randbedingungen benützen. Er sucht nach möglichen Antecedentien, aus denen das gefragte Ereignis, der Venusdurchgang, folgen würde. Wenn man feststellen kann, daß es Antecedentien $A_i$ gibt, die den hypothetisch angenommenen $A_j$ entsprechen, so kann das Ereignis prognostiziert werden. (Horrox gelang 1639 dann die Beobachtung eines solchen vorausberechneten Venusdurchganges). Die hypothetische Prognose geht also in eine echte Prognose über.

Die echten Prognosen sind von der Art, daß sie Antwort geben auf Fragen der Form: Diese und diese Randbedingungen gelten; was kann ich daraus auf Grund der bekannten Gesetze für die Zukunft folgern? Die relevantere Art von Prognosen ist, wie wir bereits sahen, hypothetischer Natur, man könnte sie auch als Kalkulationen bezeichnen. Sie geben Antwort auf Fragen der Form: Wenn bestimmte angenommene Randbedingungen gelten, was folgt dann auf Grund der bekannten Gesetze für die Zukunft? Die große Bedeutung dieser Art von Fragestellung beruht darauf, daß wir unter Umständen in der Lage sind, gewisse Randbedingungen herzustellen, zu setzen. Eine solche Frage wäre z. B.: Wie groß wird die Maximalgeschwindigkeit eines Flugzeuges sein, wenn es diese bestimmten Konstruktionseigenschaften hat. Die hypothetisch angenommenen Konstruktionseigenschaften sind ein Teil des $C_i$, wovon allerdings meist eine Reihe derselben für den Ingenieur als festliegend und vorgegeben anzusehen sind, weil es etwa an die Verwendung bestimmter Materialien, an bestimmte Konstruktionsformen aus z. T. außerwissenschaftlichen Gründen gebunden ist. In diesem Beispiel wird nicht ein bestimmtes Ereignis, sondern eine Dispositionseigenschaft prognostiziert. Soll in unserem Beispiel das Flugzeug wirklich gebaut werden, ergibt sich sofort eine weitere Frage nach einer anderen hypothetischen Prognose, die nicht naturwissenschaftliche, sondern ökonomische Gesetze zugrundelegt: Wieviel wird das Flugzeug kosten, wenn wir es so bauen? Daß hierbei nicht nur ökonomische, sondern auch technologische Antecedentien eingehen, ist klar.

Es gibt auch hypothetische Prognosen, die sich auf mögliche Ereignisse beziehen, z. B. die hypothetische Vorausberechnung der Bahn einer interplanetarischen Rakete. Man rechnet, indem man zumindest einen Teil der Randbedingungen annimmt. Die logische Struktur ist analog der oben angeführten. Das Explanans besteht aus den Antecedentien $C_n$, den generellen Hypothesen (Gesetzen) $G_i$ und den durch die Fragestellung bedingten Zusatzbedingungen $Z_l$. Das Prognoscetum ist ein Prozeß, der durch eine Funktion beschrieben wird.

Die Adäquatheitsbedingungen können allerdings nicht die Hempels sein. Insbesondere sind ja gerade nicht alle $C_n$ wahr (oder auch nur gut bestätigt). Sie werden nur hypothetisch angenommen. Es handelt sich um ein hypothetisches Räsonieren (N. Rescher). Wenn die Prämissen wahr wären, würde das Prognoscetum deduziert werden können [7].

Bei hypothetischen Prognosen kann man zwei Fälle unterscheiden, die aber nicht die Struktur der Argumente betreffen. Die Fragen sind: Kann ein Ereignis eintreten und unter welchen Umständen; soll es eintreten oder nicht, ist es also wünschenswert oder nicht.

Im ersten Falle überlegt man, was geschehen würde, wenn ein bestimmtes Ereignis ohne unser Zutun eintreten würde.

Im zweiten Falle wird mit der Tendenz argumentiert, die Antecedentien, die für das Eintreten des Prognoscetums notwendig sind, herbeizuführen oder zu verhindern. Es soll hier des weiteren nicht auf das hypothetische Prognostizieren eingegangen werden. Es soll nur festgehalten werden, daß der Aufgabencharakter der hypothetischen Prognosen demjenigen der echten Prognosen sehr ähnlich ist.

*c)         Planungen*

An Stelle hypothetischer Prognosen treten häufig Planungen. Als solche bezeichnen wir Aufgaben der Art: Wie müssen die Antecedentien beschaffen sein, damit das gewünschte Ereignis (Prozeß, Eigenschaft, Disposition) eintritt. Setzen wir wieder deduktiv — nomologische Zusammenhänge voraus, so werden die Gesetze $G_l$ als gegeben anzusehen sein. Die gewünschte Ereignisaussage $E$ (die dem Prognoscetum bzw. Explanandum entspricht) wird angenommen. $E$ hat also jetzt eine Art hypothetischen Charakters, obwohl es fraglich sein kann, ob man das von einer zukünftigen Ereignisaussage sagen kann. Die Aufgabe ist nun Antecedentien $C_i$ zu suchen, so daß aus den $C_i$ und den $G_l$ das $E$ deduziert werden kann. Entsprechendes gilt, wenn $E$ gewünschte Eigenschaften oder Dispositionen ausdrückt. Es kann unbestimmtere Fälle geben, in denen nicht nur Antecedentien, sondern auch einige Gesetze gesucht werden. Die logische Struktur ist insofern nicht die gleiche wie vorher, da man auf das ursprüngliche Hempel-Oppenheim-Schema zurückkommt, denn Frage-Zusatzbedingungen wie bei den Prognosen sind hier nicht erforderlich. Die hypothetischen Prognosen haben, wie wir sahen, die gleiche Aufgabenstruktur wie echte Prognosen. Demgegenüber haben Planungen die gleiche Aufgabenstruktur wie Erklärungen, worauf noch zurückzukommen ist. Der entscheidende Unterschied liegt nur darin, daß das in der Planung Erwünschte, das Optatum, quasi-hypothetischen Charakter hat, während das Explanandum wahr sein muß.

Über Retrodiktionen braucht hier nicht weiter gesprochen zu werden, da ihr Aufgabencharakter ganz dem von Prognosen entspricht. Auch hier müssen Frage-Zusatzbedingungen zugefügt werden. Hypothetische Retrodiktionen sind möglich, spielen praktisch aber kaum eine Rolle. Retrodiktive Planungen erweisen sich als äquivalent mit Erklärungen.

### 3.        Der Aufgabencharakter der Erklärungen

Die Aufgabe, eine Erklärung zu konstruieren, besteht immer darin, daß ein Explanandum gegeben ist, als wahrer Satz bekannt ist, und zu ihm soll ein Explanans gesucht werden, so daß eine korrekte Erklärung entsteht. Wieder werden wir berücksichtigen müssen, daß das Explanandum ein Ereignis im engeren Sinne, einen Prozeß oder einen Zustand ausdrücken kann.

Fordern wir zunächst der Einfachheit halber für eine korrekte Erklärung die Hempel'schen Adäquatheitsbedingungen. $R_4$ besagt, daß alle Sätze des Explanans wahr sein sollen, oder wenn wir es etwas abschwächen wollen, daß sie gut bestätigt und geprüft sein sollen. Setzen wir ferner eine formale Sprache (etwa der Art der „Principia mathematica") voraus, so gilt ein Forderungs- bzw. Herleitungsbegriff, so daß es wenigstens zwei

Satzmengen $S_1$ und $S_2$ geben kann, die beide die Bedingungen für ein Explanans erfüllen, und so daß das Explanandum $E$ sowohl aus $S_1$ als aus $S_2$ deduzierbar ist. Es kann also zu einem $E$ rein logisch zwei oder mehrere adäquate und korrekte Erklärungen geben. Die Konstruktion von Erklärungen ebenso wie von Planungen ist also mehrdeutig; daß dies auch für Planungen gilt, folgt aus dem eben festgestellten gleichen Aufgabencharakter. Die möglichen Erklärungen eines Explanandums werden allerdings sogleich eingeschränkt dadurch, daß zur Konstruktion eines erklärenden Argumentes nur eine beschränkte Menge anerkannter Sätze zur Verfügung steht.

Jede Erklärung ist also immer nur ein Erklärungsversuch, ebenso wie jede Planung nur ein Planungsversuch ist. Zu der logischen Mehrdeutigkeit einer Erklärungskonstruktion kommt hinzu, daß $R_4$ streng nicht aufrecht erhalten werden kann. Wir wollen nur darauf verweisen, daß singuläre Sätze immer nur einen mehr oder weniger hohen Grad an Glaubwürdigkeit haben, während bereits Hempel anstatt von Gesetzen in seinen späteren Arbeiten nur noch von generellen Hypothesen spricht, die möglichst gut bewährt und geprüft sein müssen. Wenn aber jede Erklärung einen Versuchscharakter hat, so stellt sich insbesondere, wenn es für ein Explanandum alternative Erklärungsversuche gibt, die Frage nach der „richtigen" Erklärung. Erklärungen müssen als Ganzes überprüft werden können.

Wir werden zwei Fälle von mehrdeutigen Erklärungen zu unterscheiden haben:

a) Zwei korrekte Erklärungen des gleichen Explanandums sind äquivalent.

Die generellen Hypothesen sind dieselben, die beiden Erklärungen unterscheiden sich nur durch eine Reihe von Antecedentien. Man kann eine bestimmte Sonnenfinsternis mittels des gleichen mechanischen Gesetzes und verschiedener Randbedingungen berechnen. Diese können sich z. B. durch den Zeitparameter unterscheiden, d. h. man kann zur Berechnung die Lagebeziehungen und kinematischen Beziehungen zu einem Zeitpunkt $t_1$ oder $t_2$ als Randbedingungen verwenden.

b) Wir wollen zwei korrekte Erklärungen des gleichen Explanandum als inäquivalent bezeichnen, wenn sie sich in den verwendeten Gesetzen unterscheiden. So kann man eine bestimmte beobachtete Planetenrückläufigkeit sowohl mittels der Kepler'schen als auch der Ptolemäischen Gesetze (innerhalb gewisser zugelassener Fehlergrenzen) korrekt erklären. Die zu verwendenden Antecedentien unterscheiden sich hier sogar nur wenig.

Bei inäquivalenten Erklärungen wird man die Frage stellen können, ob beide „richtig" sein können. Damit stellt sich uns die Frage nach der Überprüfbarkeit von Erklärungskonstruktionen. Wir wollen *hier* vorläufig bloß auf die Möglichkeit hinweisen, durch Prognosen auf Grund der beiden Erklärungen und deren Eintreffen bzw. Nichteintreffen zwischen ihnen zu entscheiden.

Im allgemeinen wird man sich, wenn man vor der Aufgabe steht, zu einem Explanandum eine Erklärung zu konstruieren, d. h. ein Explanans zu suchen, vorweg entscheiden, mit welchen bekannten Gesetzen (generellen Hypothesen) man die Konstruktion versuchen will. In vielen Fällen liegt diese Entscheidung auf der Hand. Die Konstruktion der Erklärung beschränkt sich dann auf das Auffinden passender Antecedentien. Wir wollen uns im folgenden zunächst auf den Fall beschränken, daß die Gesetze als gegeben angesehen werden können.

Nun stellt sich sogleich die Frage, ob mit der Vorentscheidung für die Verwendung bestimmter Gesetzmäßigkeiten nicht auch schon mitentschieden ist, für welchen Erklärungsversuch man eintritt. Ist in vielen Fällen mit dieser Vorentscheidung nicht schon weitgehend die Konstruktion der Erklärung festgelegt? Um diese Frage weiter zu untersuchen ist es notwendig, auf die logische Struktur der Gesetze einzugehen.

Von statistischen Gesetzen wollen wir hier absehen, da es fraglich erscheint, ob man mit statistischen Hypothesen überhaupt etwas erklären kann. Um nur einen der zentralen Einwände gegen eine statistische bzw. Wahrscheinlichkeitserklärung exemplarisch vorzubringen [8]: Wenn man berechnet hat, daß bei einem Beugungsversuch die Wahrscheinlichkeit, daß ein Elektron an der Stelle $A$ der Photoplatte auftrifft, so erklärt diese Hypothese nicht einen Testversuch, bei dem ein Elektron in $B$ auftraf, es widerlegt aber auch die Wahrscheinlichkeitshypothese nicht. Wir wollen auch nicht auf die Frage eingehen, ob man zwischen statistischen und deterministischen Gesetzen streng unterscheiden kann [9]. Es gibt ernste Bedenken dagegen.

Generelle (deterministische) Hypothesen können logisch eine Implikationsbzw. eine Äquivalenzform haben. Sehr vereinfacht dargestellt haben

die ersten die Form:      $\Lambda_x \, (f_x \rightarrow g_x)$          (1)

die letzteren die Form:  $\Lambda_x \, (f_x \leftrightarrow g_x)$          (2)

Ein Beispiel für (1) ist etwa die generelle Hypothese: „Magnesium hat einen Schmelzpunkt von 650°C". Man sieht sogleich ein, daß eine solche Hypothese nur zur Erklärung eines ganz bestimmten Ereignistyps taugt, nämlich, daß man festgestellt hat, daß ein fester Stoff bei Erhitzung bei 650° C geschmolzen ist. Wir brauchen, um daraus eine korrekte Erklärung zu machen, ein Antecedens der Art, daß der Stoff Magnesium ist. Nun könnten wir uns hier wieder fragen, ob das Explanandum vollständig, unvollständig oder redundant ist. Eine Aussage der Art: „Der Stoff ist beim Erhitzen geschmolzen" ist für eine Erklärung mit der obigen generellen Hypothese insofern nicht geeignet, als sie unvollständig ist. Allerdings wäre sie erklärbar mittels der Hypothese, daß alle Metalle beim Erhitzen schmelzen. Die Frage, ob ein Explanandum vollständig, unvollständig oder redundant ist, hängt, wie wir sehen, von der verwendeten Hypothese ab. So ist die obige Formulierung des Explanandums, nämlich daß der Stoff bei 650° C geschmolzen ist, bezüglich der letzteren Hypothese, nämlich, daß alle Metalle beim Erhitzen schmelzen, redundant; sie enthält Information, die für diese Erklärung überflüssig ist. Man kann sich dann allerdings auf den Standpunkt stellen, daß durch die 2. Hypothese das Explanandum in der 1. Form nicht vollständig erklärt ist. Es kommt eben doch wieder darauf an, daß eine Frage zugrunde liegen muß, was eigentlich erklärt werden soll. Die Formulierung des Explanandums allein impliziert diese Frage nicht immer. Entsprechend der Frage, was am Explanandum zu erklären sei, wählen wir die zu benützenden Gesetze aus und nur im Hinblick auf sie kann gesagt werden, ob das Explanandum vollständig, unvollständig oder redundant ist.

Als Beispiel zu (2) sei ein Schußvorgang betrachtet. Es soll angenommen werden, daß es ein „reiner" Vorgang ist, d. h. daß keine störende Einflüsse durch Luftwiderstand, Wind, Feuchtigkeit etc. auftreten und daß die Messungen zur Bestimmung der Randbedingungen beliebig genau durchführbar sind. Unsere Überlegungen beziehen sich insofern auf ein Gedankenexperiment. (Entsprechende Bedingungen können aber bei astronomischen oder interplanetarischen Vorgängen nahezu verwirklicht sein). Wir wissen, daß wir den Schußprozeß ebenso wie etwa ein Auftreffereignis prognostizieren können, wenn wir die Anfangsbedingungen $A_i$ $(a)$ kennen, wobei $a$ das Geschoß bezeichnen soll. Die $A_i$ bestehen in unserem Fall aus: $A_1$ = Ort, $A_2$ = Zeit, $A_3$ = Richtung, $A_4$ = Geschwindigkeit des Abschußvorganges, $A_5$ = Höhenbeschaffenheit, z. B. daß sich der ganze Schußvorgang auf einer Ebene ohne Höhenunterschied abspielt. Das Treffereignis $E$ $(a)$ wird ebenfalls durch eine Reihe von Einzelaussagen $E_i$ $(a)$ beschrieben. Es lassen sich für das Auftreffen des Geschosses berechnen $E_1$ = Ort, $E_2$ = Zeit, $E_3$ = Richtung, $E_4$ = Geschwindigkeit des auftreffenden Geschosses. Nun handelt es sich bei dem betrachteten „reinen" Fall der verwendeten Gesetzesmäßigkeit um eine generelle Hypothese der Äquivalenz-Form. Wenn wir das Treffereignis $E$ $(a)$ vollständig in seinen kinematisch-geometrischen Eigenschaften beobachten und messen, so kennen wir die $E_i$ $(a)$. Diese sind die Endbedingungen des ganzen Prozesses. Kennen wir umgekehrt das Treffereignis $E$ $(a)$ vollständig, das übrigens schon stattgefunden haben soll, kennen wir also die $E_i$ $(a)$ + $A_5$, so läßt sich durch eine Retrodiktion das Abschußereignis berechnen, d. h. die Anfangsbedingungen $A_1$ bis $A_4$, die das Ereignis $A$ $(a)$ vollkommen kinematisch-geometrisch beschreiben. Das Wurfgesetz ist eben in dem idealen „reinen" Fall bezüglich Prognose und Retrodiktion symmetrisch. (Im übrigen ist die hier gemachte Einschränkung auf einen „reinen" Fall nicht so wesentlich, wie es vielleicht auf den ersten Blick erscheinen will. Bei jedem konkreten Schußvorgang wird man weitere Randbedingungen, wie Luftwiderstand, Windstärke, Windrichtung, Luftfeuchtigkeit jeweils in verschiedenen Höhen, sowie den Drall hinzunehmen müssen. Der Ballistiker verwendet dann zur Berechnung des Schußprozesses eine wesentlich komplexere Hypothese, die die angegebenen weiteren Parameter enthält. Auch mit ihr kann er mit Angabe der Fehlergenauigkeit sowohl aus den Anfangsbedingungen das Treffereignis prognostizieren, also auch aus den Endbedingungen das Abschußereignis retrodizieren).

Wenn das Treffereignis kinematisch erklärt werden soll, werden wir uns jedenfalls für das besprochene kinematische Wurfgesetz als generelle Hypothese entscheiden. Wenn das Treffereignis $E$ $(a)$ durch die Einzelaussagen $E_i$ $(a)$ beschrieben ist und $A_5$ zusätzlich bekannt ist, so bezeichnen wir das Explanandum als vollständig in bezug auf die zu verwendende Hypothese. Die Konstruktion der gesuchten Erklärung wird durch eine Retrodiktion erreicht, durch die die fehlenden Antecedentien $A_1$ bis $A_4$ berechnet werden. Nun ist die Erklärung nur korrekt, wenn die Antecedentien hinreichend gesichert sind. D. h. die Erklärung wird nur dann als korrekt angesehen werden können, wenn die errechneten Anfangsbedingungen auch auf andere Weise bekannt sind bzw. überprüft werden können.

Auch hier gilt wieder, daß das Explanandum als vollständig, unvollständig bzw. redundant bezeichnet werden kann in bezug auf die Erklärung gewählter Gesetze. (Wobei die Bezeichnungen „vollständig, unvollständig und redundant" keinen logischen Sinn haben, sondern ihre Bedeutung nur bezüglich des Aufgabencharakters besitzen. Ein unvollständiges Explanandum kann doch die vollständige Konstruktion einer Erklärung ermöglichen, wenn es ergänzt werden kann durch die Kenntnis einiger Antecedentien. Im besprochenen Beispiel: Wenn nicht alle $E_i$ $(a)$ bekannt sind, so kann dieser Mangel durch Kenntnis einiger der $A_i$ $(a)$ ergänzt und ausgeglichen werden. Die Aufgabe, ein korrekt erklärendes Argument zu konstruieren besteht dann darin, aus den bekannten Elementen von $E_i$ und $A_i$ die unbekannten zu berechnen.

Daß ein Explanandum so vollständig gegeben ist, daß die Konstruktionsaufgabe auf Grund der gewählten Gesetze eindeutig lösbar ist, ist sicher nicht der Regelfall. Wenn die Gesamtinformation über Explanandum und eventuelle Antecedentien nicht ausreichen, eine Erklärung zu konstruieren, so bleibt einem nichts anderes übrig, als Erklärungsversuche zu unternehmen, indem man die fehlende Information hypothetisch ergänzt. Jede Sicherung, Bestätigung eines solchen Erklärungsversuchs kann nur durch Gewinnung neuer, für denselben wesentlicher Informationen geschehen.

## 4.   Sicherung und Überprüfung von Erklärungsversuchen

Wir sind in unseren bisherigen Überlegungen davon ausgegangen, daß uns das Explanandum selbst nahelegt, welche generellen Hypothesen (Gesetze) wir zur Erklärung heranziehen sollen. D. h. es liegt vor allem bei den meisten physikalischen Erklärungen nahe, bestimmte von der Sache her gewissermaßen prädestinierte Gesetzmäßigkeiten primär zum Versuch einer Erklärungskonstruktion zu benützen. Und dann erst stellt sich die Frage, ob die Informationen so vollständig sind, daß man aus ihr eine Erklärung eindeutig konstruieren kann.

Häufig und wichtig ist der Fall, daß wir Informationen über ein Ereignis haben, die so unbestimmt sind, daß man gar nicht mit einiger Sicherheit auf die zu verwendenden generellen Hypothesen kommen kann. Typische Beispiele hierfür liefert uns die ärztliche Diagnostik. Bestimmte, bei einem Patienten auftretende krankhafte Symptome sollen erklärt werden, d. h. man sucht nach Ursachen derselben. (Es braucht hier nicht erörtert zu werden, was „krankhaft" heißen soll). Es gibt so eindeutige Befunde, d. h. Zustände, Ereignisse oder Prozesse, daß der erfahrene und gut ausgebildete Arzt sogleich weiß, welche Hypothesen er zur Erklärung verwenden muß. Wenn ein Arzt bei einem Patienten regelmäßig erhöhten Blutzucker feststellt, so weiß er, daß er die generelle Hypothese verwenden muß: „Wenn die Langerhans'schen Inseln geschädigt sind, so ist der Blutzuckergehalt regelmäßig erhöht." Dies ist sogar eine Hypothese der äquivalenten Form, so daß er von dem erhöhten Blutzuckergehalt auf die Schädigung der Langerhans'schen Inseln schließen kann. Er konstruiert eine eindeutige Erklärung, auch wenn die Schädigung beim lebenden Patienten nicht unmittelbar überprüfbar ist. Die Konstruktion der Erklärung ist hier einer solchen einer Retrodiktion gleichwertig. Die Erklärung ist sicher als korrekt und richtig anzusehen und doch ist streng genommen $R_4$ nicht erfüllt, da eben die Antecedentien nicht unmittelbar überprüfbar sind. Es ist einsichtig, daß dies für implikative Hypothesen nicht zu gelten braucht. Wenn ich erklären will, daß ein Gegenstand verbrannt ist, so kann ich, wenn ich über die Beschaffenheit des Stoffes, aus dem der Gegenstand bestand, nichts weiß, die Annahme machen, daß er aus Holz bestand und die generelle implikative Hypothese verwenden, daß Holz brennbar ist. Es ist durchaus denkbar, daß das angenommene Antecedens, nämlich daß der Gegenstand aus Holz bestand, nicht mehr prüfbar ist. Ob dieser Erklärungsversuch als ausreichend angesehen wird, hängt wieder von der Frage ab. Man könnte z. B. zusätzlich nach einer Erklärung fragen, warum der Gegenstand entflammt ist, sich entzündet hat.

Der bei weitem häufigste Fall wird wohl der sein, daß über das zu Erklärende (Zustand, Ereignis, Prozeß) insofern nur ungenügende Informationen vorliegen, als man aus ihnen nicht entnehmen kann, welche generellen Hypothesen verwendet werden können. Das Explanandum paßt auf Grund seines unzureichenden Informationsgehaltes zu verschiedenen generellen Hypothesen. Bezeichnen wir die Klasse genereller Hypothesen, die zu einem bestimmten Explanans gehören, mit oberem Index, so läßt sich das so ausdrücken, daß zum Explanandum $E$ möglich sind die $G_i^1, G_i^2 \ldots G_i^l$ (wobei $i$ jeweils die ganze Klasse von Gesetzen durchnumeriert). Man wird nun so vorgehen, daß man versucht zu jeder möglichen Hypothesenklasse die dazugehörigen Antecedentien zu konstruieren. Ist das möglich, so findet man, daß zu $G_i^1$ die Antecedentien $C_n^1$, zu $G_i^2$ $C_n^2$ usw. gehören. Man kann dann entscheiden, welcher Erklärungsversuch von $E$ der richtige ist, das heißt welche Hypothesenklasse man verwenden muß, wenn man nachprüfen kann, welche der möglichen Antecedentienklassen zutreffen. Um beim Diagnosebeispiel zu bleiben: Ein Arzt hat für einen Befund etwa vier verschiedene Hypothesenklassen für eine mögliche Erklärung parat. Es liegen für ihn also gewissermaßen vier Erklärungsmuster bereit, zwischen denen er entscheiden kann, wenn er feststellen kann, welche der dazugehörigen Antecedentien zutreffen. Wenn eine direkte Überprüfung der zur Wahl stehenden Antecedentienklassen nicht möglich ist, muß man versuchen, indirekt über sie Kenntnis zu erhalten. Man kann versuchen aus der Annahme, daß eine solche Antecedentienklasse zutrifft, mittels anderer Hypothesen Prognosen zu erstellen, deren Eintreffen man feststellt. Wenn es sich um andauernde Zustände handelt, wie bei einer Krankheit, kann man versuchen durch experimentelles Eingreifen eine Entscheidung herbeizuführen. Wir müssen festhalten, daß auch dann, wenn die Antecedentien nur indirekt bestätigt werden können, streng genommen $R_4$ nicht erfüllt ist.

Am schwierigsten sind die Fälle, in denen zu einem Explanandum keine passende Hypothesenklasse gefunden werden kann. Dies sind allerdings oft die für den wissenschaftlichen Fortschritt wichtigsten Fälle, denn sie initiieren die Suche nach eventuell passenden neuen gererellen Hypothesen. Es kann hier nicht Aufgabe sein, diese Hypothesenfindung zu untersuchen.

## Literatur

[1] C. G. Hempel, The Function of General Laws in History, The Journal of Philosophy, vol. 39, pp 35—48, 1942.

C. G. Hempel, Studies in the Logic of Explanation, Philosophy of Science, vol. 15, pp. 135—175, 1948. Beide nachgedruckt in C. G. Hempel, Aspects of Scientific Explanation and other Essays in the Philosophy of Science, New York — London, 1965.

W. Stegmüller, Wissenschaftliche Erklärung und Begründung, Berlin — Heidelberg — New York, 1969

H. Lenk, Zur Logik von Erklärung und Prognose, in: Erklärung, Prognose, Planung, Freiburg, 1972

[2]  *J. Kim*, On the Logical Conditions of Deductive Explanations, Philosophy of Science, vol. 30, 1963, pp. 286–291.

*D. Kaplan*, Explanations Revisited, Philosophy of Science, vol. 28, 1961, pp. 429–436

*R. Eberle*, D. Kaplan, R. Montague, Hempel and Oppenheim on Explanations, Philosophy of Science, vol. 28, 1961, pp. 418–428 (Weitere Literatur, siehe Lenk, Stegmüller)

[3]  *K. R. Popper*, The Open Society, London, 1952, vol. 2, p. 262

[4]  Vgl. dazu etwa Stegmüller S. 161 ff.

[5]  Vgl. Frey G., Idee einer Wissenschaftslogik. Grundzüge einer Logik imperativer Sätze, Philosophia Naturalis IV, 4, 1957. Zur imperativen Struktur der Fragen, siehe S. 473 ff.

[6]  *O. Becker*, Einführung in die Logistik, vorzüglich in den Modalkalkül, Meisenheim/Glan, 1951, S. 78 f.

[7]  *N. Rescher*, Hypothetical Reasoning, Amsterdam, 1964

[8]  *W. Stegmüller*, Personelle und statistische Wahrscheinlichkeit, Berlin — Heidelberg — New York, 1973, siehe hierzu vor allem Teil IV (In der Studienausgabe Teil E).

[9]  *G. Frey*, Bespr. von Stegmüller, Wissenschaftliche Erklärung und Begründung, in: Ratio 15. Bd. Hf 1, 1973, S. 135 f

# Vergleichbarkeit, Widerspruch und Erklärung

Erhard Scheibe, Universität Göttingen

In seiner Phase der Propagierung des sog. theoretischen Pluralismus hat Feyerabend den Begriff der deduktiv-nomologischen Erklärung durch eine Argumentation der folgenden Form kritisiert[1]. Es wird zunächst stillschweigend bzw. beiläufig vorausgesetzt

1. daß von seiten der empiristischen Wissenschaftstheorie der Begriff der DN-Erklärung mit dem Anspruch auf *universale Geltung* vorgebracht worden ist, d. h. mit dem Anspruch, *jede* wissenschaftliche Erklärung (deren Explanandum keine Wahrscheinlichkeitsaussage ist) als DN-Erklärung rekonstruieren zu können,

2. daß von seiten der empirischen Wissenschaften jeweils neue, allgemeinere Theorien stets mit dem Zweck eingeführt werden, die schon vorhandenen und (bis zu einem gewissen Grade) erfolgreichen Theorien zu *erklären.*

Im zweiten Schritt wird dann behauptet, aus diesen Voraussetzungen folge

3. die sog. *Konsistenzbedingung,* daß im Verlaufe der Entwicklung einer empirischen Wissenschaft mögliche Nachfolger einer jeweils vorangehenden Theorie mit dieser *verträglich* sind bzw. sein sollten,

4. die sog. *Bedingung der Sinninvarianz,* daß in demselben Zusammenhang der Sinn einer jeweils vorangehenden Theorie in ihre möglichen Nachfolgetheorien unverändert übernommen wird bzw. werden sollte.

Im dritten Schritt seiner Argumentation findet Feyerabend nun aber,

5. daß schon ein Blick auf die Physik genüge, um zu sehen, daß in der tatsächlichen Entwicklung jedenfalls dieser Wissenschaft weder die Konsistenzbedingung, noch die Bedingung der Sinninvarianz erfüllt ist,

6. die Erfüllung dieser Bedingungen, nunmehr wieder im Hinblick auf alle empirischen Wissenschaften, methodologisch auch gar nicht *wünschenswert* sei, da eine entsprechende Forderung derselben den wissenschaftlichen Fortschritt hemmen würde.

Es sind dann auch die jeweils gegenteiligen Forderungen, welche in etwa Feyerabends Methodologie des theoretischen Pluralismus ausmachen. Was aber den Begriff der DN-Erklärung angeht, so schließt die Argumentation mit der nun auch nicht mehr vermeidbaren Folgerung, daß die mit diesem Begriff versuchte Rekonstruktion wissenschaftlicher Erklärung abzulehnen sei.

---

[1] *P. Feyerabend,* Explanation, Reduction, and Empiricism. in: Minnesota Studies in the Philosophy of Science, Bd. III, Hrsg. *H. Feigl* and *G. Maxwell.* Minneapolis, Minnes., 1962, 28—97. *Ders.,* How to be a good empiricist — a plea for tolerance in matters epistemological. in: Philosophy of Science. The Delaware Seminar, Bd. 2, Hrsg. *B. Baumrin,* New York etc. 1963, 3—40. *Ders.,* Problems of Empiricism. in: University of Pittsburgh Series in the Philosophy of Science, Bd. 2, Hrsg. *R. G. Colodny,* Englewood Cliffs, N. J., 1965, 145—260.

Natürlich sind gegen das hiermit in groben Umrissen skizzierte Argument Feyerabends zahlreiche Gegeneinwände vorgebracht worden. Man kann sie zweckmäßig einteilen in solche, welche

A  die hinsichtlich des Erklärungsbegriffs gemachten Voraussetzungen 1. und 2., sowie die daraus gezogenen Folgerungen 3. und 4. betreffen, und in solche, welche

B  die diesen Folgerungen angeblich widersprechende, methodologische Position selbst betreffen, die Feyerabend hier einnimmt und von der her er in logischer Kontraposition auf die Unbrauchbarkeit des Begriffs der DN-Erklärung zurückschließt.

In die Gruppe A gehört z. B. der Einwand von Coffa und Hempel, daß der Begriff der DN-Erklärung keineswegs notwendig auf die Konsistenzbedingung führe, sei es, weil es durchaus sich widersprechende Theorien mit demselben Explanandum gebe, sei es, weil schon die Voraussetzung 2., daß Nachfolgetheorien zur Erklärung ihrer Vorgänger eingeführt würden, gar nicht zutreffe, und daher auch der Begriff der DN-Erklärung gar nicht tangiert werde[2]. In die Gruppe B gehört der Einwand von Achinstein und Kordig, daß sich widersprechende Theorien nicht zugleich sinnverschieden sein können und daher eine Methodologie, welche die Ausarbeitung sich widersprechender und zugleich womöglich radikal sinnverschiedener Theorien empfiehlt, ihrerseits inkonsistent sei[3]. Auf diese und andere Einwände hat wiederum Feyerabend geantwortet[4], und es ist eine Kontroverse entstanden, die inzwischen vielleicht auch schon wieder zum Erliegen gekommen ist, allerdings wohl weniger, weil die Dinge geklärt worden wären, sondern weil man sich nicht recht verständigen konnte.

Ich möchte mich im folgenden auch gar nicht in diese Kontroverse, sofern sie denn noch bestehen sollte, unmittelbar einmischen, sondern nur in loser Anknüpfung an sie zu den beiden zuletzt herausgehobenen Punkten B und A, also zu den Begriffspaaren Vergleichbarkeit und Widerspruch, sowie Widerspruch und Erklärung von Theorien, je eine Bemerkung machen. Dabei möchte ich mich einer Methode bedienen, die nur zuguterletzt auch die Zustimmung Feyerabends finden würde, obwohl ich mit ihrer Hilfe auch etwas zu seinen Gunsten werde sagen können. Gemeint ist die Methode der Rekonstruktion empirischer Theorien auf der Grundlage der von Tarski und Carnap geschaffenen logischen Semantik. Die Schwierigkeit bei der Verwendung dieser Methode ist natürlich die, daß jede logische Rekonstruktion einer empirischen Theorie dieser Theorie Gewalt antut. Eine solche Gewaltanwendung muß von all denen als unangenehm empfunden werden, die, wie Feyerabend, eine wesentlich historisch orientierte Wissenschaftsauffassung vertreten. Dennoch würde die Behauptung, die Feyerabend ebenfalls zu vertreten scheint, zu weit gehen, daß mit Hilfe der Methode der logischen Rekonstruktion keine echten Probleme gelöst werden können. Allerdings kommt es hier darauf an, was man als ein echtes Problem an-

---

[2]  *T. A. Coffa*, Feyerabend on explanation and reduction. J. Philos. 64 (1967) 500—8. *C. G. Hempel*, Aspects of Scientific Explanation, New York etc. 1965, S. 347, Anm. 17.

[3]  *P. Achinstein*, On the meaning of scientific terms. J. Philos. 61 (1964) 497—509. *C. R. Kordig*, The justification of scientific change. Dordrecht 1971, S. 52 ff.

[4]  *P. Feyerabend*, On the meaning of scientific terms. J. Philos. 62 (1965) 266—74. *Ders.*, Reply to criticism. in: Boston Studies in the Philosophy of Science, Bd. II, Hrsg. *R. S. Cohen* und *M. W. Wartofsky*, New York 1965, 223—61.

sieht und was nicht. Nach meinem Dafürhalten sind durch die Argumentation Feyerabends und die beiden oben angedeuteten Einwände A und B zwei Problemkreise geschaffen, die gewisse logische Aspekte enthalten und die nicht erfolgreich behandelt werden können, ohne daß zugleich einige logische Präzisierungen vorgenommen werden. Die durch A und B ausgelöste Kontroverse ist schon versickert oder wird noch versickern, ohne irgendwelche greifbaren Folgen zu hinterlassen, wenn die dabei verwendeten Begriffe in dem ungeklärten Status belassen werden, den sie bislang gehabt haben. Es ist dann eine weitere Frage, ob ein entschlossener Klärungsversuch, der die in Rede stehende Methode verwendet, positive Folgen haben wird. Das kann man nicht voraussehen. Die Meinung ist nur, daß man *ohne* ein derartiges Vorhaben sicher nicht weiterkommen wird, — jedenfalls nicht in der Wissenschaftstheorie. Man muß bei alledem auch bedenken, daß die empirischen Wissenschaften selbst ständig um die Präzisierung ihres Begriffsmaterials bemüht sind. Wenn die Wissenschaftstheorie einen höheren Präzisionsstandard zugrunde legt, als es in ihren jeweiligen Objektwissenschaften der Fall ist, so ist dies letzten Endes eine Sache des Grades. Der Unterschied zwischen einer axiomatisierten Mechanik im Sinne Newtons und aller vorausgegangenen Physik ist wohl immer noch größer als der zwischen modernen Axiomatisierungsversuchen und den Newtonschen Formulierungen. Man muß eben hier immer so weit gehen, wie es die Lösung eines vorliegenden Problems verlangt. So sind denn auch die folgenden Rekonstruktionsversuche nur als Vorschläge zu betrachten, die in eine Richtung weisen, in der die Lösung der eingangs angedeuteten Probleme liegen könnte.

Was die im folgenden verwendeten logischen Hilfsmittel angeht, so wäre gemäß der Art der zu behandelnden Fragen vor allem eine Fixierung des Theoriebegriffs erforderlich. Gerade in dieser Hinsicht kann man aber nicht auf hinreichend weit gediehene Vorarbeiten zurückgreifen — jedenfalls nicht hinsichtlich der Anwendung dieses oder jenes logisch bereits ausgefeilten Theoriebegriffs in der Physik oder einer anderen empirischen Wissenschaft. Daher ist man zur Zeit noch gezwungen, den Theoriebegriff als die Grundlage der folgenden Untersuchung etwas in der Schwebe zu lassen. Des näheren stelle ich mir vor, daß der Leser in erster Linie einsortige Theorien 1. Ordnung und ihr semantisches Gegenstück, also einsortige Strukturen 1. Ordnung, vor Augen hat. Für diese Theorien, die ich Standardtheorien nennen werde, sind die folgenden Überlegungen sicherlich gültig[5]. Andererseits ist es fraglich, ob dieser Theorientyp für die beabsichtigten Anwendungen ausreicht. Z. B. ist es ungeheuer naheliegend, physikalische Theorien als mehrsortige Theorien zu rekonstruieren und dementsprechend auch mehrsortige Strukturen zu betrachten: Es ist die offensichtliche Verschiedenartigkeit der in ein und derselben physikalischen Theorie auftretenden Grundbegriffe, welche eine solche Rekonstruktion empfehlenswert erscheinen läßt[6]. Schließlich könnte man gewisse logische Abhängigkeiten zwischen physikalischen

---

[5] Für Standardtheorien beziehe ich mich im folgenden auf *R. Shoenfield*, Mathematical Logic. Reading, Mass., 1967

[6] Mehrsortige Theorien können in einem gewissen Sinne auf einsortige Theorien 1. Ordnung zurückgeführt werden, siehe hierzu *Hao Wang*, A survey of mathematical logic, Peking und Amsterdam 1962, Ch. XII. Hinsichtlich der Anwendungen müßte der Zusammenhang jedoch noch besser verstanden werden.

5 Haller/Götschl

Begriffen unter Umständen auch angemessener zum Ausdruck bringen, indem man für die
Rekonstruktion Theorien höherer Ordnung heranzieht[7]. Auf Einzelheiten, welche die Aus-
weitung der Anwendung von Standardtheorien in dieser oder jener Hinsicht betreffen, kann
ich in dieser Arbeit nicht eingehen. Als sichere Grundlage sind mithin allein die Standardtheorien anzusehen, und die durch die Anwendbarkeit eventuell bedingte Übertragung der
Ergebnisse auf einen erweiterten Theoriebegriff bleibt eine noch zu lösende Aufgabe.


## I

Nach dieser Einleitung kann ich nunmehr zu der ersten meiner beiden angekündigten Bemerkungen kommen. Es geht dabei um das Problem, welchen Einfluß das Faktum
des Widerspruchs zwischen zwei Theorien auf ihre inhaltliche Vergleichbarkeit hat. Der Auffassung Feyerabends, daß in bedeutsamen Fällen historischer Abfolge physikalischer Theorien die Nachfolgetheorien ihren Vorgängern widersprechen und *zugleich* von ihnen womöglich total sinnverschieden sind, steht hier der Einwand entgegen, daß diese beiden Beziehungen ihrerseits miteinander unverträglich seien. So argumentiert z. B. Kordig[8]: "Assume that
$T'$ and $T$ did contradict each other ... There will then exist two statements $A$ and $B$ which
are expressible in, and hold relative to, $T'$ and $T$ respectively. $A$ and $B$, further, will contradict ... one another. Ordinarily this would mean that in $T'$, $A$ entails $\neg B$. With respect
to our two statements $A$ and $B$ this is to say that what is denied by the one must be en-
tailed by what the other asserts. Thus, a statement (either $\neg B$ or $B$ will do here) expressible in each theory will have the same meaning in each theory; this in turn is to say that the
theories must have some common meaning, in contradiction to the radical meaning variance
doctrine as expressed by Feyerabend ...". Feyerabend hat einen früheren, substanziell gleichen Einwand von Shapere anerkannt und seine weitere Strategie darauf abgestellt, die gegenseitige Kritik zwischen inhaltlich inkommensurablen Theorien nicht auf den Vergleich
formal identischer Aussagen zu stützen[9]. Ohne ihm hierin zu folgen, würde ich schon dem
Kordigschen Einwand nicht zustimmen, sondern statt dessen argumentieren, daß Widersprüche gerade dort lokalisiert sind, wo auch Sinnverschiedenheit vorliegt. Für eine Durchführung dieses Arguments macht der Begriff des Widerspruchs bzw. der (logischen) Verträglichkeit von Theorien weniger Schwierigkeiten als der Begriff der (partiellen) Gleichheit bzw.
(totalen) Verschiedenheit des Sinnes zweier Theorien, da im ersteren Falle nur die formale
Seite des Theoriebegriffs ins Spiel kommt, im letzteren hingegen auch die inhaltliche.

Die wohl gängigste Fassung des Begriffs des Widerspruchs zwischen zwei formalen Theorien ist diejenige, dergemäß zwei Theorien $T$ und $T_1$ sich widersprechen, wenn
es einen $T$ und $T_1$ gemeinsamen Satz $a$ gibt, so daß $a$ in $T$ und $\neg a$ in $T_1$ beweisbar ist.
Zufolge einer zweiten Fassung besteht Widerspruch zwischen $T$ und $T_1$, wenn ihre Vereinigung
(formal) widerspruchsvoll ist. Schließlich gibt es eine dritte Definitionsmöglichkeit, bei der

---


[7] Siehe hierfür z. B. *J. G. Kemeny*, Models of logical systems. JSL 13 (1948) 16—30. *Ders.*, A new
approach to semantics. JSL 21 (1956) 1—27 und 149—61

[8] Vgl. das in Anm. 3 zitierte Buch S. 52

[9] Vgl. Reply to criticism in Anm. 4, S. 231 f

Widerspruch genau dann vorliegt, wenn $T$ und $T_1$ kein gemeinsames Modell haben in dem
Sinne, daß keine Struktur über der vereinigten Sprache von $T$ und $T_1$ existiert, deren linguistische Fragmente je ein Modell für $T$ bzw. $T_1$ wären. Unter sehr allgemeinen Voraussetzungen über den Theoriebegriff impliziert die erste Fassung die zweite und diese wiederum die
dritte. Für Standardtheorien gelten nach einem Theorem von Craig und Robinson bzw. aufgrund des Gödelschen Vollständigkeitstheorems auch die Umkehrung, so daß wir in diesem
Falle drei äquivalente Fassungen des Widerspruchsbegriffs vor uns haben. Soweit physikalische Theorien formal einwandfrei und eventuell sogar als Standardtheorien rekonstruiert
werden können, bestände die Möglichkeit die soeben überblickte Begrifflichkeit auch für
diese Theorien in Anspruch zu nehmen, und es besteht geradezu kein Grund, warum man
dies *nicht* tun sollte.

Ein Punkt, der hier allerdings noch genauer erwogen werden müßte, ist der, daß
man in der Physik vor allem den Fall zweier Theorien vor Augen hat, die sich hinsichtlich
gewisser *empirisch dingfest zu machender Konsequenzen widersprechen*. Das Problem besteht dann darin, ob Widersprüche *dieser Art* genau dann auftreten, wenn die betreffenden
Theorien *selbst* sich widersprechen. Zur Erläuterung mag das Beispiel der klassischen Mechanik und der Quantenmechanik dienen. Jeder Physiker wird den Eindruck haben, daß
diese beiden Theorien sich widersprechen. Aber wie wären in diesem Falle Widersprüche
präzise zu lokalisieren? Richtet man sein Augenmerk auf Grundsätzliches, so könnte man
daran denken, daß der klassisch-mechanische Verband kontingenter Eigenschaften eines
physikalischen Systems distributiv ist, der quantenmechanische hingegen nicht. Dieser
Umstand ließe sich als ein formaler Widerspruch zwischen den beiden Theorien selbst in
wenigen Zeilen formulieren: Man braucht nur die jeweiligen Eigenschaftstheorien der klassischen Mechanik bzw. Quantenmechanik zu isolieren. Schon in ihnen tritt besagter Widerspruch auf. Gegen diesen Aufweis würde jedoch der auf Konkreteres ausgerichtete Physiker
sofort einwenden: Mag an dieser Stelle immerhin ein Widerspruch auftreten. Dennoch könnten die Theorien hinsichtlich ihrer empirisch greifbaren Konsequenzen miteinander verträglich sein. Daß sie es de facto nicht sind, muß eigens nachgewiesen werden. Hierfür könnte
dann *zum Beispiel* auf den Umstand hingewiesen werden, daß die klassische Physik andere
Werte für die spezifischen Wärmen idealer Gase liefert als die Quantentheorie. Dieser Umstand ließe sich jedoch als ein formaler Widerspruch nur unter ungleich größerem Aufwand
rekonstruieren, als für den zuerst angegebenen Fall nötig wäre, und insbesondere würde man
hierbei die klassische Mechanik bzw. Quantenmechanik selbst verlassen und die Thermodynamik mit in Betracht ziehen müssen.

Die vorstehende Betrachtung deutet mithin eine Schwierigkeit an, welche die
genauere Fassung des Begriffs zweier sich widersprechender physikalischer Theorien noch
belastet. Die Betrachtung zeigt aber zugleich, daß diese Schwierigkeit nicht eigentlich die
grundsätzliche Inanspruchnahme des in der Logik üblichen Betriffs zweier sich widersprechender formaler Theorien betrifft: Auf diesen Begriff wird man schließlich immer zurück-
kommen. Das Problem scheint vielmehr zu sein: Wenn man *sagt*, daß sich zwei physikalische
Theorien $T$ und $T_1$ widersprechen, *meint* man unter Umständen, daß sich gewisse, womöglich sogar Anfangsbedingungen einschließende, jedenfalls aber empirisch gut greifbare *Erweiterungen* $T'$ von $T$ und $T_1'$ von $T_1$ widersprechen und — mehr noch — widersprechen *in*

*ihren empirisch relevanten Teilen.* So oder so würde dabei aber auf den üblichen formalen Widerspruchsbegriff rekurriert werden, — eventuell unter Einschränkung des Lokalisierungsbereiches der Widersprüche. Man kann daher diesen Widerspruchsbegriff auch für die Physik akzeptieren, am besten in der oben als erste angegebenen Fassung, welche explizit die Lokalisierung zum Ausdruck bringt. Alles weitere gehört offenbar in die Problematik der Abgrenzung (höher) theoretischer Teile der Physik, von ihren (mehr oder weniger direkt) empirischen Bereichen, — eine Problematik, auf die ich in dieser Arbeit nicht eingehen kann.

Nach dieser Betrachtung zum Widerspruchsbegriff gehe ich nunmehr über zu der ungleich schwierigeren Seite der Sache: der Frage der teilweisen Übereinstimmung oder gänzlichen Verschiedenheit des Sinnes zweier Theorien. Ich will hier zwei Fälle unterscheiden, die man schlagwortartig als *implizite* bzw. *explizite* Interpretation kennzeichnen kann, und sogleich mit dem erstgenannten Fall beginnen. Man hat sich hierfür zu vergegenwärtigen, daß der Begriff einer formalen Theorie, insbesondere einer Standardtheorie, bereits weit über den Begriff eines völlig beliebigen Kalküls hinaus geht: Im Sinne der Semantik ist in jeder Theorie ein Teil der Logik objektiviert, z. B. in den Standardtheorien die Quantorenlogik 1. Ordnung. Ferner tritt in der Semantik dem Theoriebegriff der Begriff der Struktur zur Seite, und es wird definiert, was für beliebige Kalküle unmöglich ist, wann eine Struktur *Modell* einer Theorie ist. Insofern hat also selbst eine formale Theorie, anders als ein beliebiger Kalkül, immer schon einen inhaltlichen Bezug, als sie unter allen Strukturen (über derselben Sprache, die ihr zugrunde liegt) ihre Modelle auszeichnet, — freilich mit dem trivialen Grenzfall einer rein logischen Theorie, für die alle Strukturen über ihrer Sprache Modelle sind. Die Auszeichnung der Modellklasse einer Theorie wird bisweilen auch dahingehend ausgedrückt, daß die Axiome der Theorie deren nicht-logische Begriffe implizit definieren. Dies ist nun eine in vieler Hinsicht mißzuverstehende Ausdrucksweise. Ich will davon nur den Teil in Anspruch nehmen, der besagt, daß die nicht-logischen Symbole einer Theorie durch die Axiome derselben bis zu einem gewissen Grade *implizit interpretiert* werden: Gewisse explizite Interpretationen durch Strukturen, die keine Modelle der Theorie sind, werden ausgeschlossen. Der wichtigste Aspekt dieser Auffassung impliziter oder theoriebedingter Interpretation ist dabei, daß die nicht-logischen, also deskriptiven Symbole *nicht isoliert* interpretiert werden, sondern *en bloc.* Allerdings kann die implizite Interpretation in dem folgenden Sinne *portionenweise* erfolgen. Ist die Theorie $T$ über der Sprache $L$ eine Erweiterung der Theorie $T'$ über der Sprache $L'$, so daß also insbesondere $L'$ eine Teilsprache von $L$ ist, so kann die implizite Interpretation von $L'$ durch $T$ bereits durch $T'$ abgeschlossen sein. Der rein syntaktische Ausdruck hierfür wäre, daß alle in $L'$ formulierten Theoreme von $T$ schon Theoreme von $T'$ sind. Die Erweiterung von $T'$ zu $T$ würde dann die implizite Interpretation von $L'$ nicht mehr verschärfen. Demgegenüber wäre eine semantische Definition die, daß jedes Modell von $T'$ (linguistisches) Fragment eines Modells von $T$ ist: Die Erweiterung von $T'$ zu $T$ würde diesmal die (volle) Modellklasse von $T'$ nicht einschränken. Nennt man im ersten bzw. zweiten Falle $T$ eine *syntaktisch* bzw. *semantisch konservative* Erweiterung von $T'$, so kann man mit Hilfe des Gödelschen Vollständigkeitstheorems sofort beweisen, daß eine semantisch konservative Erweiterung auch syntaktisch konservativ ist, während die Umkehrung hiervon nicht zu gelten scheint[10]).

---

[10]) Vgl. *M. Przelecki,* The Logic of Empirical Theories. London 1969, S. 52 f.

Mit impliziten Interpretationen wird in der Physik um so häufiger gearbeitet, je universaler die in dieser Weise interpretierten Begriffe sind, so z. B. bei den Begriffen der Größe, der Eigenschaft, des Zustandes, der Wahrscheinlichkeit u. ä. Nehmen wir z. B. etwa den Eigenschaftsbegriff, so wäre dieser in die klassische Mechanik dadurch einzuführen, daß man die Gesamtheit der komplementären Verbände Borelscher Teilmengen von klassischen Phasenräumen nimmt und dieser diejenige Theorie $T'$ über der Sprache $L'$ der komplementären Verbände zuordnet, deren Theoreme die in dieser Gesamtheit wahren Sätze von $L'$ sind. Die Hamiltonsche Mechanik $T$ ist dann gewiß eine syntaktisch (vielleicht sogar semantisch) konservative Erweiterung von $T'$. Entsprechend wäre der quantenmechanische Eigenschaftsbegriff auf dem Wege über die Unterraumverbände von Hilberträumen einzuführen, und auch hier würde die (volle) allgemeine Quantenmechanik als konservative Erweiterung auftreten. Man wird an Hand solcher Beispiele auch darauf aufmerksam, daß das Reden von diesem oder jenem Grundbegriff der Physik nur eine abkürzende Sprechweise ist: Tatsächlich hat man jeweils ein ganzes System von Begriffen im Sinn, die durch eine Theorie „implizit definiert" werden. Der sprachlich herausgehobene Terminus deutet dabei zumeist die Grundmengen an, über denen die Modelle der betreffenden Theorie (als mehrsortiger Theorie) errichtet sind, und seine Selbständigkeit wird gerade darin bestehen, daß die volle Theorie, in der er auftritt, konservative Erweiterung der Theorie ist, die ihn „definiert".

Haben wir nun *zwei* widerspruchsfreie (formale) *Theorien* $T$ und $T_1$, so bestünde eine gewisse inhaltliche Gemeinsamkeit der beiden schon darin, daß eine Theorie $T_g$ existiert, so daß

1. $T$ und $T_1$ konservative Erweiterungen von $T_g$ sind
2. $T_g$ keine rein logische Theorie ist, d. h. einschlägige Strukturen existieren, die keine Modelle von $T_g$ sind.

Soweit dann überhaupt davon die Rede sein kann, daß $T_g$ gewisse Begriffe „implizit definiert", z. B. Grundbegriffe von $T$ und $T_1$, wären dies Begriffe, die $T$ und $T_1$ gemeinsam haben. Es ist aber wie gesagt besser, auf dieser Ebene der Allgemeinheit noch gar nicht von Begriffen einer Theorie zu sprechen, sondern nur festzuhalten, daß in dem vorliegenden Fall $T$ und $T_1$ gemeinsame, nämlich in der gemeinsamen Sprache von $T'$ und $T_1'$ auftretende deskriptive Symbole haben, die — ceteris paribus — dieselbe implizite Interpretation durch $T$ und $T_1$ erfahren. Wir haben damit der Beziehung des Widerspruchs zwischen zwei Theorien eine andere gegenübergestellt, nämlich die der inhaltlichen Gemeinsamkeit in dem soeben definierten Sinne. Man kann sich nun leicht an Hand von Beispielen davon überzeugen, daß zwischen diesen beiden Beziehungen keine logische Abhängigkeit besteht, d. h. daß Widerspruch und inhaltliche Gemeinsamkeit, sowie ihre beiden Gegenteile in allen vier Kombinationen durch Theorienpaare realisierbar sind. Insbesondere folgt also daraus, daß zwei Theorien sich widersprechen, keineswegs, wie es der eingangs formulierte Kordigsche Einwand doch wohl haben will, daß sie eine inhaltliche Gemeinsamkeit (in dem hier definierten Sinne) haben. Gerade dies ist schon für Standardtheorien besonders einfach einzusehen: Man nehme irgendeine Sprache 1. Ordnung, daraus einen logisch möglichen Satz $a$ und definiere $T$ durch $a$ und $T_1$ durch $\neg a$ als jeweils einziges Axiom. Ist dann $T_g$ wie

oben gegeben, und ist $b$ ein beliebiges Theorem aus $T_g$, so folgt $b$ aus $a$ und $\neg a$ und ist
daher logisch gültig. Die obige 2. Bedingung ist also nicht erfüllbar[11]).

    Auch die folgende, allgemeinere Überlegung zeigt, wie unplausibel der Kordig-
sche Einwand schon auf der jetzigen Ebene der Allgemeinheit ist: Haben wir irgendzwei
widerspruchsfreie, sich aber gegenseitig widersprechende Theorien $T$ und $T_1$, so sind die
auftretenden Widersprüche gerade *nicht* dort lokalisiert, wo eventuelle inhaltliche Gemeinsamkeiten auftreten. Folgt nämlich der Satz $a$ aus $T$ und $\neg a$ aus $T_1$, so kann keiner dieser
beiden Sätze in einer Theorie $T_g$ beweisbar sein, die im obigen Sinne eine inhaltliche Gemeinsamkeit von $T$ und $T_1$ begründet, schärfer noch: $a$ und (äquivalent dazu) $\neg a$ können
nicht einmal der *Sprache* von $L_g$ angehören. Wäre dies nämlich der Fall, so wäre $a$ bzw.
$\neg a$ in $T_g$ beweisbar, da $T$ bzw. $T_1$ konservative Erweiterung von $T_g$ ist. $T_g$ und damit $T$
und $T_1$ wären dann inkonsistent, — entgegen der Voraussetzung. Gerade die Sätze, in
denen $T$ und $T_1$ sich widersprechen, enthalten mithin notwendig deskriptive Symbole,
die *keiner* der Teilsprachen angehören, die eine gemeinsame implizite Interpretation durch
$T$ und $T_1$ erfahren. Es ist daher gar nicht zu sehen, wie ausgerechnet solche Sätze eine inhaltliche Gemeinsamkeit von $T$ und $T_1$ begründen sollen. Im Gegenteil: Man wird die Frage,
ob eine $T$ und $T_1$ gemeinsame Teilsprache $L'$ durch $T$ und $T_1$ auf dieselbe Weise implizit
interpretiert wird, gerade dadurch negativ entscheiden, daß man in $L'$ einen Widerspruch
zwischen $T$ und $T_1$ lokalisiert. Wird z. B. gefragt, ob die klassische Mechanik und die
Quantenmechanik denselben Eigenschaftsbegriff verwenden, so kann man zwar zunächst
konstatieren, daß beide Theorien viele nicht-logische Theoreme, die in der Eigenschafts-
sprache formuliert sind, gemeinsam haben, z. B. die Axiome für orthokomplementäre Verbände. Aber es gibt auch in dieser Sprache formulierte Theoreme, in denen sie sich widersprechen, und dies ist eben der Grund für die Verschiedenheit der beiden Eigenschaftsbe-
griffe. Insbesondere bilden die gemeinsamen Theoreme in ihrer Gesamtheit eine Theorie,
von der weder die klassische Mechanik, noch die Quantenmechanik eine konservative Erweiterung ist.

    In den bisherigen Überlegungen wurde der Zusammenhang zwischen Wider-
spruch und inhaltlicher Gemeinsamkeit von Theorien auf der Ebene rein formaler Theorien
behandelt. Das Hineinspielen einer inhaltlichen Komponente wurde hierbei dadurch ermöglicht, daß Theorien, anders als beliebige Kalküle, Interpretationen (durch Strukturen)
gestatten und gewisse dieser Interpretationen (jeweilige Modelle) auszeichnen. Man kommt
auf diese Weise jedoch keinesfalls zu eindeutigen Interpretationen[12]), und insbesondere hat
es keinen rechten Sinn, allgemein von Aussagen und Begriffen einer Theorie in dem Sinne
zu sprechen, daß Aussagen wahr oder falsch sind und zu Begriffen Gegenstände gehören,
die unter sie fallen, und andere, die nicht unter sie fallen. Das Verfahren der impliziten Interpretation ist, insbesondere beim Theorienvergleich, eben nur da anwendbar, wo man noch

---

[11]) Der eben geführte Beweis könnte die Vermutung aufkommen lassen, daß geradezu umgekehrt
    Widerspruch inhaltliche Gemeinsamkeit ausschließt. Aber wie schon gesagt, ist dies nicht der Fall:
    Z. B. sind die sich (über einer gemeinsamen Sprache) widersprechenden Theorien der assoziativen
    und der Lieschen Ringe (syntaktisch) konservative Erweiterungen der Theorie der Abelschen
    Gruppen.

[12]) Vgl. das in Anm. 10 zitierte Buch, Kap. 3 und 4

nicht hinreichend bestimmte interpretatorische Festlegungen zur Verfügung hat. So gut nun, wie gezeigt, solche Fälle z. B. in der Physik auftreten, so gut — und eigentlich besser noch — haben wir es in den Anwendungen mit Fällen zu tun, in denen eindeutige oder explizite Interpretationen auftreten. Schon wenn man nicht mehr von Theorien überhaupt, sondern z. B. von physikalischen Theorien spricht, geht es ja um eine inhaltliche Besonderung, die möglicherweise dadurch rekonstruierbar ist, daß man wenigstens Teile von Theorien versuchsweise als eindeutig interpretiert auffaßt. Für die Physik können hier besonders gut die Begriffe von Raum und Zeit zur beispielsweisen Erläuterung herangezogen werden. So spielt die Geometrie des Raumes sowohl in der Newtonschen Mechanik als auch in der nicht-relativistischen Quantenmechanik zwar einerseits die Rolle einer Hintergrundtheorie, die als solche hinsichtlich ihrer empirischen Realisierung nicht vollständig festgelegt, sondern stets mehr oder weniger in der Schwebe gehalten wird. Andererseits wird dieselbe Geometrie auf theoretischer Ebene stets als die Theorie einer bestimmten Struktur, nämlich eines bestimmten Euklidischen Raumes aufgefaßt, — bestimmt jedenfalls bis auf die zugehörige Automorphismusgruppe. Man tut also auf theoretischer Ebene so, *als ob* die geometrischen Termini eindeutig interpretiert seien in der Hoffnung, daß die empirische Realisierung in keinem Einzelfall auf Schwierigkeiten stoßen wird. Entsprechende Verhältnisse bestehen in beiden genannten physikalischen Theorien hinsichtlich der Zeit. Eine logische Rekonstruktion derselben würde daher die Teiltheorien von Raum und Zeit als die Theorien bestimmter Strukturen ansetzen dürfen, und das würde sich im Hinblick auf die Newtonsche Mechanik bzw. die Quantenmechanik *als ganze* eben so ausnehmen, daß diese Theorien *teilweise* eindeutig interpretiert sind. Dabei würde es weniger auf die Natur dieser Interpretation, genauer: die Natur ihrer Designata ankommen, weniger darauf, ob hier ein Empirismus oder ein Apriorismus waltet, als vielmehr auf die Entscheidung für das Eine oder das Andere zur Erzielung einer wenigstens fiktiven *Eindeutigkeit* der gewählten Interpretation. Auf diese Eindeutigkeit nämlich käme es an im Unterschied zu der bisher betrachteten, schon durch eine formale Theorie gewährleisteten impliziten Interpretation, die immer wesentlich mehrdeutig ist und keine für die betreffende Theorie spezifischen Aussagen und Begriffe (im üblichen, inhaltlichen Sinne) einzuführen gestattet[13]).

Zum allgemeinen Fall übergehend will ich weiterhin unter einer (partiell) *interpretierten Theorie* ein Paar verstehen, bestehend aus einer (formalen) Theorie $T$ und einer Struktur $S$ über einer Teilsprache $L'$ der Sprache von $T$. Einzige Bedingung soll sein, daß $T$ Erweiterung der Theorie von $S$ ist, d. h. der Gesamtheit der in $S$ gültigen Formeln von $L'$. Da die Theorie von $S$ vollständig ist, muß $T$ syntaktisch konservative Erweiterung dieser Theorie und $S$ ein Modell der auf $L'$ eingeschränkten Theorie $T$ sein. Alle physikalischen Theorien würden sich im Rahmen der Durchführbarkeit des logisch-semantischen Rekonstruktionsprogramms als im angegebenen Sinne (mehr oder weniger) interpretierte Theorien herausstellen. Auf die Sonderrolle, die Raum und Zeit hierbei spielen, wurde schon hingewiesen. Sie bleibt offensichtlich in den relativistischen Theorien der Physik erhalten, indem der Minkowski-Raum (anstelle der Galileischen Raum-Zeit-Mannigfaltigkeit)

---

[13])  Der im folgenden einzuführende Begriff partiell interpretierter Theorien hat, wie schon jetzt deutlich sein dürfte, nichts zu tun mit der empiristischen Begriffsbildung von nur partiell interpretierten theoretischen Begriffen.

zu $S$ gehören würde. Erst in der Allgemeinen Relativitätstheorie hätte man hinsichtlich
Raum und Zeit insofern zurückzustecken, als hier zwar noch der *Begriff* einer Metrik, näm-
lich der Riemannschen, ausgezeichnet ist, nicht aber mehr eine *bestimmte* dieser Metriken.
Die Bestimmtheit würde hier auf eine höhere Ebene verlagert werden. In der Newtonschen
Mechanik treten neben die raumzeitliche Begrifflichkeit noch die Begriffe von Masse und
Kraft als solche, für die wir eine bestimmte Interpretation annehmen. In Newtons Gravitationstheorie wäre es nur der Begriff der Masse, während der *Begriff der Kraft* hier ja durch
eine *bestimmte Kraft* ersetzt wird. In der Quantenmechanik hängt die Rekonstruktion von
$S$ sehr davon ab, wie allgemein man die Theorie fassen will. Auf allgemeinster Ebene werden jedenfalls die Begriffe der Zeit, des Größenwertes und des Wahrscheinlichkeitswertes
als eindeutig interpretiert aufgefaßt. Für speziellere Fassungen kommen dann nach und
nach weitere eindeutig interpretierte Teile hinzu, z. B. die Begriffe des Ortes und des Impulses, der Begriff der Masse usw.

   Betrachten wir nun wieder *zwei* widerspruchsfreie interpretierte Theorien
$(T, S)$ und $(T_1, S_1)$. Inhaltliche Gemeinsamkeit bestünde zwischen diesen, wenn $S$ und $S_1$
ein gemeinsames linguistisches Fragment $S_g$ über der Sprache $L_g$ hätten[14]). $L_g$ wäre dann
Teilsprache der Sprachen von $S$ und $S_1$ und damit auch der von $T$ und $T_1$. Innerhalb von
$L_g$ erführen also die Sprachen von $T$ und $T_1$ *dieselbe* explizite *Interpretation*. $(T, S_g)$ und
$(T_1, S_g)$ wären ebenfalls interpretierte Theorien: Ist nämlich eine Formel in $S_g$ gültig, so
auch in $S$ bzw. $S_1$. Daher ist sie Theorem von $T$ bzw. $T_1$. Die Theorie von $S_g$ spielt in den
weiteren Überlegungen dieselbe Rolle wie im Falle der impliziten Interpretationen die Theorie $T_g$: Da $(T, S_g)$ und $(T_1, S_g)$ interpretierte Theorien sind, ist $T$ bzw. $T_1$ jedenfalls syntaktisch konservative Erweiterung der Theorie von $S_g$. Ferner ist letztere keine logische Theorie,
da sie ja sogar vollständig ist. Die obigen an $T_g$ gestellten Bedingungen 1. und 2. sind also
für die Theorie von $S_g$ von selbst erfüllt. Dementsprechend verlaufen auch die folgenden
Überlegungen analog zu den oben angestellten. Zunächst ist wieder festzustellen, daß zwischen inhaltlicher Gemeinsamkeit und Widerspruch interpretierter Theorien keine logische
Abhängigkeit besteht: Sich widersprechende derartige Theorien können inhaltliche Gemeinsamkeiten haben oder auch nicht haben, und dasselbe gilt für den Fall logischer Verträglichkeit. Zur Widerlegung des Kordigschen Einwandes greift man diesmal vielleicht am einfachsten zu zwei Theorien $(T, S)$ und $(T_1, S_1)$, in denen $T$ und $T_1$ die Theorien von $S$ bzw. $S_1$
*sind*. Da dann $T$ und $T_1$ vollständig sind, sind Widerspruchsfälle in Fülle zu haben, und die
Gemeinsamkeit zwischen $S$ und $S_1$ (in Gestalt von $S_g$) kann man ebenfalls besonders leicht
verhindern, da ja die Forderung nach $S_g$ als nur linguistisches Fragment von $S$ und $S_1$ ungeheuer stark ist. Andererseits muß jetzt aber auch betont werden, daß gerade diese Fälle in
der Physik schwer belegbar sind: normalerweise sind dort Widerspruchsfälle zugleich auch
Fälle mit inhaltlicher Gemeinsamkeit. Man darf also auch nicht wie Feyerabend in das andere Extrem fallen und die totale logische Inkommensurabilität der einschlägigen physikalischen Theorien behaupten. Für den Fall der klassischen Mechanik und Quantenmechanik
ist schon oben auf diejenigen, hauptsächlich Raum und Zeit betreffenden Komponenten

---

[14]) Hier ist zu beachten, daß für mehrsortige Theorien die linguistische Fragmentbildung unter Umständen auch zu einer Reduktion der Grundmenge von $S$ bzw. $S_1$ führt: Dies ist dann der Fall, wenn die
  sprachliche Fragmentierung die Ausscheidung von Variablentypen mit sich bringt.

dieser Theorien hingewiesen worden, die eine inhaltliche Gemeinsamkeit der beiden Theorien exemplifizieren: Hinsichtlich Raum und Zeit hat sich beim Übergang von der klassischen Mechanik zur nicht-relativistischen Quantenmechanik *nichts* geändert. Und dieser Umstand läßt sich im Rahmen des hier vorgeschlagenen Begriffs der inhaltlichen Gemeinsamkeit zweier interpretierter Theorien in allen Einzelheiten rekonstruieren, indem man in beide Theorien ein und dasselbe Modell für Raum und Zeit einbaut. Auch für relativistische und nicht-relativistische Theorien ließe sich entsprechendes zeigen, indem man sich z. B. auf die in beiden Fällen gleiche Topologie der Raum-Zeit-Mannigfaltigkeit zurückzieht. Dennoch ist — und dies muß nun noch einmal gegen den Kordigschen Einwand geltend gemacht werden — der *Grund* für diese inhaltliche Gemeinsamkeit in keinem Falle der, daß sich die fraglichen Theorien widersprechen. In den eben angedeuteten Bereichen inhaltlicher Gemeinsamkeit wird man Widersprüche gerade nicht finden können, und niemand würde auch nur auf die *Idee* kommen, einen Widerspruch zwischen klassischer und Quantenmechanik z. B. in der ihnen gemeinsamen Zeittheorie zu suchen. Ebenso abwegig wäre es, von einem vorhandenen Widerspruch auf inhaltliche Gemeinsamkeit schließen zu wollen. Abgesehen von dem schon erwähnten Umstand, daß hier allgemein gar keine logische Abhängigkeit besteht, kann auch die zweite für implizite Interpretationen angestellte Argumentation hier mutatis mutandis wiederholt werden: Ist für $(T, S)$ und $(T_1, S_1)$ der Satz $a$ aus $T$ und $\neg a$ aus $T_1$ beweisbar und wird etwa die gemeinsame Teilsprache $L_g$ in dem Fragment $S_g$ von $S$ und $S_1$ in gleicher Weise interpretiert, so kann weder $a$ noch $\neg a$ zu $L_g$ gehören, da andernfalls die Theorie von $S_g$ widerspruchsvoll wäre. *Entweder* sind also die beiden Sätze in $(T, S)$ und $(T_1, S_1)$ gar nicht vollständig explizit interpretiert *oder* aber, wenn sie es sind, besagt die zu $a$ bzw. $\neg a$ und $(T, S)$ gehörige *Aussage* etwas *anderes* als die zu $a$ bzw. $\neg a$ und $(T_1, S_1)$ gehörige Aussage. In Fällen, in denen Widersprüche und inhaltliche Gemeinsamkeit gleichermaßen auftreten, werden mithin die ersteren gerade zum Kriterium für partielle, lokalisierte Sinnverschiedenheit. Auch Feyerabend weist, wenn er von allgemeinen Versicherungen zu konkreten Fällen kommt, seine meaning variance mit eben dieser Methode nach, z. B. indem er für den Begriff der relativistischen bzw. nicht-relativistischen Masse gewisse den ersteren Begriff betreffende Folgerungen vorführt, die im Widerspruch zu entsprechenden nicht-relativistischen Folgerungen stehen[15]).

## II

Aufgrund der bisherigen Ausführungen entfällt, wie mir scheint, die Möglichkeit, das Feyerabendsche Argument gegen die Verwendung von DN-Erklärungen durch den Nachweis der Inkonsistenz der methodologischen Position auszuräumen, von der her das Argument aufgebaut ist. Eine andere Frage ist natürlich die, ob diese Position, wie Feyerabend ebenfalls behauptet mit dem Begriff der DN-Erklärung in seiner tatsächlichen oder jedenfalls intendierten Verwendung unverträglich ist. Die Prüfung dieser Frage zerfällt ihrerseits in zwei Teile. Zunächst ist zu prüfen, ob die für die hierzu gehörige Argumentation stillschweigend bzw. beiläufig gemachten Voraussetzungen 1. und 2. zutreffen, d.h. ob für den Begriff der DN-Erklärung universale Geltung beansprucht wurde und ob z.B. neue physikalische Theorien mit dem Zweck eingeführt werden, ihre Vorgänger zu erklären.

---

[15]) Siehe z. B. die zweite und dritte in Anm. 1 zitierte Arbeit S. 13 ff bzw. S. 168 ff.

Von Coffa ist gegen ersteres eingewandt worden[16]), daß "Hempel's models have been thought out and argued with the explanation of particular facts in views not that of laws," und gegen die zweite Voraussetzung argumentiert derselbe Autor[17]), daß ihre Verteidigung "as a descriptive thesis would suppose a complete ignorance of the history of science, and its defense as a normative thesis would require heavy elaboration, being as it is, obviously in contradiction with the whole development of science." Was den ersteren Einwand angeht, so muß darauf hingewiesen werden, daß Hempels *allgemeine*, nur durch Adäquatheitsbedingungen festgelegte Konzeption einer DN-Erklärung die Möglichkeit der Erklärung von Gesetzen oder Theorien keinesfalls ausschloß, wenn auch die vorgelegten Modelle und Exemplifikationen sich zunächst auf Erklärung kontingenter Fakten bezogen. Wer also ein Interesse an der Erklärung von Gesetzen hatte, konnte es letztlich ungewarnt mit den DN-Erklärungen versuchen. Hempel selbst hat dies schließlich getan, sah sich dabei aber auch sofort gezwungen, eine Erweiterung zum Begriff der *approximativen* DN-Erklärung vorzunehmen[18]). Coffas zweiten Einwand würde ich ohne weiteres zugeben. Man kann aber die Voraussetzung Feyerabends abschwächen: Gewiß werden neue wissenschaftliche Theorien nicht mit dem *Zweck* eingeführt, ältere Theorien zu erklären. Aber wenn immer ein solches Nachfolgeverhältnis vorliegt, dann entsteht die Möglichkeit und auch das Bedürfnis, die Reichweite der älteren Theorie von der neuen her zu beurteilen, und dies ist eine Art Erklärung, weil die Frage beantwortet wird, warum die ältere Theorie in den und den Grenzen gilt. So gesehen geht es einfach um das Problem, ob durch DN-Erklärungen Fragen dieser Art beantwortet werden können oder nicht.

Nach dieser Transformation kann ich mich dem zweiten Teil der Feyerabendschen Argumentation zuwenden: Impliziert die versuchte DN-Erklärung einer Theorie aus einer anderen Verträglichkeit und Sinninvarianz? Hierzu will ich nun die zweite der beiden zu Beginn dieser Arbeit angekündigten Bemerkungen machen und mich dabei auf den Fall der Verträglichkeit beschränken. In dieser Angelegenheit ist nie bestritten worden, daß wichtige Nachfolgeverhältnisse von Theorien durch Unverträglichkeit derselben gekennzeichnet sind. Das Problem ist mithin jedenfalls akut. Andererseits trat sofort Unsicherheit darüber auf, was DN-Erklärungen von Theorien durch Theorien sind, und auch darüber, um welche Art von Unverträglichkeit es hier zu gehen habe. Nimmt man den Begriff der DN-Erklärung wörtlich, so gehört zur Erklärung der Theorie $T$ durch die Theorie $T_1$ jedenfalls auch, daß $T$ aus $T_1$ zusammen mit einer Prämissenmenge $T_h$, die $T_1$ nicht widerspricht, logisch folgt. Auf der Grundlage des hier akzeptierten allgemeinen Theorienbegriffs folgt daraus nun allerdings sofort, daß $T$ und $T_1$ sich nicht widersprechen. Einwände gegen Feyerabends Argumentation müssen also den Erklärungsbegriff oder den Verträglichkeitsbegriff oder beide modifizieren, um etwas ausrichten zu können. Die bisher ins Auge gefaßten Modifikationen gehen in zwei Richtungen. Im Rahmen der Kontroverse mit Feyerabend wird mit der Einbeziehung eines empirisch etablierten Anwendungsbereiches kontingenter Fakten gearbeitet, — etwa von Hempel, wenn er darauf hinweist, daß sich widersprechende Theorien dieselben Fakten (im üblichen Sinne) erklären können. Unabhän-

---

[16]) Anm. 2, S. 508
[17]) ibid. S. 506
[18]) Anm. 2, S. 343 ff.

gig davon wird zweitens der Begriff der approximativen DN-Erklärung als Modifikation empfohlen[19]. Ich glaube, daß mindestens diese beiden Richtungen weiter verfolgt werden müssen, um in Gestalt einer geeigneten *Vereinigung* zu neuen Erklärungs- und Verträglichkeitsbegriffen zu führen, mit deren Hilfe man Herr der Lage wird. Ich will abschließend noch etwas zu dem Begriff der approximativen Erklärung sagen[20].

Diejenigen, die diesen Begriff bisher mit positiver Tendenz erwogen haben — Feyerabend gehört nicht zu ihnen —, haben das, was sie mit diesem Begriff meinen, eigentlich nur durch den Hinweis auf Fälle erläutert, in denen er den Begriff der DN-Erklärung zu ersetzen hat. Ich selbst habe wenigstens einen solchen Fall kürzlich genauer untersucht: die Erklärung der Keplerschen Gesetze durch Newtons Gravitationsgesetz[21]. Auch in dieser Arbeit ist es jedoch noch nicht zu einer allgemeinen Fassung des Begriffs der approximativen Erklärung gekommen. Wie eine solche aussehen könnte, will ich nunmehr andeuten. Der entscheidende Gedanke ist, daß man die Begriffsbildung nicht unmittelbar an den Begriff der Theorie anschließt, sondern an den zu diesem in einem gewissen Sinne dualen Begriff des *Bereiches*. In der Semantik versteht man ja unter einer Theorie im wesentlichen eine Menge von Formeln aus einer Sprache $L$. Analog kann man Mengen von Strukturen über einer Sprache $L$ betrachten, und solche Mengen will ich Bereiche nennen. Theorien und Bereiche hängen in einfacher Weise miteinander zusammen: Jeder Theorie ist eindeutig ihr *Geltungsbereich* zugeordnet als die Gesamtheit ihrer Modelle. Umgekehrt ist jedem Bereich *seine Theorie* zugeordnet als die Gesamtheit der in ihm allgemeingültigen Formeln. Zwei Theorien bzw. Bereiche über derselben Sprache sind genau dann äquivalent, wenn sie denselben Geltungsbereich bzw. dieselbe Theorie haben. Ferner ist die Theorie des Geltungsbereiches einer Theorie zu der letzteren äquivalent, wie auch der Geltungsbereich der Theorie eines Bereiches zu letzterem äquivalent ist. Wir haben daher bis auf die Äquivalenz eine ein-eindeutige Zuordnung zwischen allen Theorien und allen Bereichen. Daher können alle Beziehungen zwischen und alle Operationen für Theorien auf die Bereiche übertragen werden und umgekehrt. Insbesondere gilt dies für die Beziehung der logischen Implikation zwischen zwei Theorien, welche die Menge der Theorien zu einem Verband macht, und für die beiden zugehörigen Verbandsoperationen der Vereinigung und des Durchschnitts zweier Theorien. Der logische Teil des Begriffs der DN-Erklärung einer Theorie $T_1$ mit Hilfe der Theorie $T_h$ kann in dieser Terminologie auf die Form

$$T_1 \vee T_h > T$$

$$T_h \not> T \tag{1}$$

$$T_1 \vee T_h \not> V$$

---

[19] ibid. und S. 347; vgl. auch die Arbeit von Coffa, Anm. 2, und Feyerabends eigene Arbeiten, insbes. die zweite in Anm. 4 zitierte.

[20] Was eine Modifikation des Verträglichkeitsbegriffs angeht, so wäre diese von der zu Beginn von Teil I angedeuteten Art: Es kann nicht darum gehen, grundsätzlich an dem von der Logik bereitgestellten Begriff des Widerspruchs zwischen zwei Theorien herumzudeuteln. Die Modifikation kann nur den Ort der auftretenden Widersprüche betreffen.

[21] *E. Scheibe*, die Erklärung der Keplerschen Gesetze durch Newtons Gravitationsgesetz. in: Einheit und Vielheit. Festschrift für C. F. v. Weizsäcker zum 60. Geburtstag. Hrsg. *E. Scheibe* und *G. Süßmann*, Göttingen 1973, S. 98—118

gebracht werden, worin $>, \vee$ und $\sim$ bzw. die Implikation, Vereinigung und Äquivalenz sind
und V die Menge aller Formeln über der vereinigten Sprache von $T_1$ und $T_h$. Dual hierzu
kann dasselbe für die zugehörigen Bereiche durch

$$B_1 \vee B_h < B$$

$$B_h \nless B \tag{2}$$

$$B_1 \vee B_h \nmid \phi$$

ausgedrückt werden. Für den Fall, daß die $B'$s die Geltungsbereiche der $T'$s sind und daß
allen Theorien dieselbe Sprache zugrunde liegt, sind hierin $\wedge$, $<$ und $\sim$ einfach mengen-
theoretisch der Durchschnitt, die Inklusion und die Gleichheit, während im allgemeinen
Fall die Bedeutung komplizierter ist.

Der Übergang zum Begriff der approximativen Erklärung ergibt sich von hier-
her nun durch die Einführung einer Topologie auf einem hinreichend umfassenden Bereich.
Man kann sich diesen Gedanken klar machen, indem man sich vergegenwärtigt, daß die tatsächliche Rekonstruktion physikalischer Theorien als Theorien im Sinne der Semantik zunächst immer über die zugehörigen Bereiche läuft. Die allgemeine klassische Mechanik die
Newtonsche Gravitationstheorie, die allgemeine Quantenmechanik, die Quantenmechanik
des harmonischen Oszillators, — diese Theorien liegen uns zunächst ja nicht formal axioma-
tisiert vor, sondern wir verstehen sie erst einmal als eine Menge von Strukturen, also als Bereiche[22]. Für Theorien mit bestimmter Dynamik stellt sich nun heraus, daß diese Bereiche
im wesentlichen aus den Lösungen der jeweiligen Bewegungsgleichungen bestehen. Diese
Lösungen sind eben die Modelle der betreffenden Theorie. Wenn wir nun etwa die Kepler-
sche Theorie durch die Newtonsche oder die Theorie des klassischen harmonischen Oszillators durch die Quantenmechanik desselben gleichsam rückwärtig erklären wollen, so tun
wir dies in der Physik jedenfalls dadurch, daß wir Kepler-Lösungen oder klassische Oszillator-Lösungen als approximative Grenzfälle von Newton-Lösungen oder quantenmechanischen Oszillator-Lösungen erkennen. So legt sich die folgende Verallgemeinerung für einen
Begriff der approximativen Erklärung nahe: Bezüglich einer metrischen Topologie mit dem
Umgebungsparameter $\epsilon$, definiert auf einem hinreichend großen Bereich, bläht man den zu
erklärenden Bereich $B$ zu einem Bereich $B_\epsilon$ auf, der auch noch alle Strukturen enthält, die
in der $\epsilon$-Umgebung einer Struktur aus $B$ liegen. Wenn dann eine $\epsilon$-abhängige Schar von
Hilfsbereichen $B_h (\epsilon)$ so existiert, daß $B_1$ das $B_\epsilon$ mit Hilfe von $B_h (\epsilon)$ *für alle* $\epsilon$ im üblichen
Sinne erklärt, d. h. also

$$B_1 \wedge B_h (\epsilon) < B$$

$$B_h (\epsilon) \nless B \tag{3}$$

$$B_1 \wedge B_h (\epsilon) \nmid \phi \quad\quad \text{gilt, dann ist } B \text{ durch } B_1 \text{ approximativ erklärt.}$$

---

[22] Es kommt hinzu, daß es sich stets um interpretierte Theorien im Sinne von Teil I handelt. Dies
schränkt die zugehörigen Bereiche enorm ein, da deren Strukturen die durch die interpretierte
Theorie schon ausgezeichnete Struktur in einem gewissen Sinne enthalten müssen. Für interpretierte
Theorien muß auch die weiter oben herangezogene Dualität von Theorien und Bereichen entsprechend eingeschränkt werden.

Der hiermit nur skizzierte, im übrigen noch auszuarbeitende und dabei gewiß auch noch zu modifizierende Vorschlag für den Begriff einer approximativen Erklärung ist offensichtlich gegen den Feyerabendschen Konsistenzeinwand gefeit, da die auch hier sich ergebende Verträglichkeit von $B_1$ und $B_\epsilon$ für alle $\epsilon$ durchaus die Möglichkeit offen läßt, daß $B_1$ und $B$ sich widersprechen. Er ist andererseits, genau so, wie die exakte DN-Erklärung, letztlich neutral gegenüber dem Unterschied zwischen Erklärungen gesetzlicher Theorien und Erklärungen kontigenter Fakten. Wie ich schon erwähnte, muß er daher noch mit einer positiven Wendung des Umstandes gekoppelt werden, daß wir i. a. nicht alle Züge einer Theorie erklären können, die wir mit einer besseren Theorie überwunden haben.

# Realistische Strukturen – Theoretizität und wissenschaftliche Erklärung

Johann Götschl, Universität Graz

*I.      Einleitung*

Von Philosophen und Physikern ist es immer wieder unternommen worden, die Entstehung der physikalischen Begriffe und Systeme bzw. Theorien logisch-explikativ oder auch modelltheoretisch darzustellen. Das dabei angewandte methodische Vorgehen bestand und besteht noch darin, die physikalische Begriffs- und Systembildung auf der Grundlage vorhandener, mehr oder weniger abgeschlossener Theorien zu rekonstruieren, wie dies z. B. in den Arbeiten von *E. Mach* [1], *E. Cassirer* [2], *B. Russell* [3], *R. Carnap* [4], *H. Reichenbach* [5], *P. Bridgeman* [6], *R. B. Braithwaite* [7], *C. G. Hempel* [8], – sowie in neueren Arbeiten z. B. von *C. G. Hempel* [9], *T. S. Kuhn* [10], *A. Grünbaum* [11], *M. Bunge* [12], u. a. m. der Fall ist, wobei die letzteren Autoren z. T. die Entwicklung der physikalischen Begriffssysteme in einen größeren (z. B. sozialtheoretischen) Kontext der Betrachtung zu integrieren versuchen. Für die meisten dieser Rekonstruktionsversuche ist es charakteristisch, die intuitive Wissenschaftsbetrachtung auf metatheoretischer Ebene zu explizieren und zu präzisieren, um einerseits die Subjektivität der Wissenschaftsbetrachtung herunterzudrücken und andererseits eine größtmögliche Adäquation des Philosophierens über die Wissenschaft – sowohl für die abgeschlossenen wie für die in Entwicklung befindenden Teile – zu erreichen. Dieses primär rekonstruktive Vorgehen soll einen Einblick 1. in die Entstehungsvoraussetzungen der relationalen und 2. in die damit verbundenen logisch-ontologischen und semantischen Strukturen physikalischer Begriffe und Theorien gewähren. Derartige Untersuchungen im Verständnis einer logischen Analyse wissenschaftlicher Systeme, werden durch folgende Aspekte geleitet:

(A) In wissenschaftstheoretischen und methodologischen Untersuchungen wird oft und muß oft zum Zwecke der Demonstration der Geltung der von der Wissenschaftstheorie aufgestellten „Verfahrensregeln" der Wissenschaft die Fallstudie herangezogen werden. Das wissenschaftstheoretische bzw. metatheoretische Objekt (z. B. ein physikalisches Gesetz oder auch eine ganze Theorie) der Analyse wird dann sozusagen zur Bestätigungsbasis der wissenschaftstheoretischen Ergebnisse. Dieser Umstand schließt das Problem der Wahl von solchen Fallstudienobjekten ein, insofern es nämlich ohne weiteres als sinnvoll angesehen werden kann, daß eine z. B. bezüglich eines Gesetzes $G$ oder einer Theorie $T$ geführte Analyse und das dann auf der Metaebene verallgemeinerte Resultat von $G$ bzw. $T$ unabhängig ist. Der jeweilige Status von $G, T$ wird u. a. vom Grad des „Analysiertseins" abhängen, d. h. genauer, daß die gesetzte bzw. theorieninterne „Grammatik" transformiert wird (oder abgebildet wird) auf eine gesetzes- oder theorienexterne „Grammatik", eben auf die jeweilige Struktur der Metasprache. Aus dem Zusammenhang der beiden linguistisch zu verstehenden Kontextebenen und insbesondere primär dem Reichtum der systemexternen

Grammatik heraus bestimmt sich die objekttheoretische Adäquation wissenschaftstheoretischer Aussagen. Oder anders ausgedrückt: die durch eine metatheoretische Analyse bezüglich der Objekte $G$, $T$ gewonnene Erkenntnis, muß objekttheoretische Implikationen bezüglich der $G$, $T$ selbst und in der Folge auch bezüglich $G'$, $T'$ usw. für den Vergleich zulassen: die aus der metatheoretischen Sicht gewonnenen Einblicke in die linguistisch abgebildeten Strukturen der $G$, $T$ werden dann der Bestätigung als auch der Kritik an der metatheoretischen Erkenntnis dienlich sein können.

(B)  Des weiteren soll dieses rekonstruktive Vorgehen das Verhältnis der Basisbegriffe einer physikalischen Theorie $PT$ $(\varphi\ \psi)$ zu den für sie relevanten Beobachtungsbegriffen oder allgemein zur Beobachtung (Messung) offenlegen; eine spezifische Deutung dieses Verhältnisses aus einer Klasse möglicher Deutungen kann dann „realistisch" oder besser „semantisch-realistisch" genannt werden (*Feigl* [13]).

(C)  Ausgehend von diesem „semantisch-realistischen" Verhältnis zwischen den Basisbegriffen $(\varphi,\ \psi)$ einer $PT$ und den zu $PT$ gehörigen Beobachtungsbegriffen $(\alpha,\ \beta\ ...)$ ist es für die physikalische Begriffsbildung wichtig zu klären, in welcher Weise die $\alpha$, $\beta$ ... theorieninvariant sein könnten und wie sich dies für die Theorie der wissenschaftlichen Erklärung auswirkt.

(D)  Dieses „semantisch realistische" Verhältnis wird neben der Erklärung auch für die Theorie der Konfirmation Konsequenzen haben müssen; an diesem Punkt wird auf eine spezifische Schwierigkeit hinzuweisen sein, die im Begriffpaar „empirisch-theoretisch" zu finden ist.


*II.*        *Die Hauptkomponenten wissenschaftlichen Räsonierens*

Die logisch-wissenschaftstheoretische Analyse physikalischer Systeme muß in zunehmendem Maße die mathematischen Strukturen, die von den einzelnen mathematischen Theorien $(MT)$ geliefert werden und die in die physikalischen Basisbegriffe der $PT$ eingebettet sind, berücksichtigen. Trotzdem stützen sich die wissenschaftstheoretischen Analysen häufig auf eine logisch relativ einfache Form, nämlich auf die generelle Implikationsform, die auch unterschiedlich komplexen physikalischen Systemen für die Analyse dieser Systeme zugrundegelegt wird. Dieses Vorgehen bringt auf der Metaebene einen Typ des Begriffs „Theorie" hervor, der in mancher Hinsicht unzureichend ist, indem dann nämlich unabhängig von der objekttheoretischen Adäquation dieses stellvertretende „logische Modell der generellen Implikationsform" die Grundlage für die Entwicklung methodologischer Einsichten ist. Legt man der mathematischen Struktur einer physikalischen Theorie mit ihrem empirischen Gehalt diese logische Form für die Analyse zugrunde, so gilt nach metatheoretischer Erkenntnis etwa folgendes: aus einer $PT$ $(\varphi,\ \psi\ ...)$ ergeben sich in Verbindung mit bestimmten gegebenen Daten (Anfangsbedingungen) bzw. Randbedingungen abgeleitete oder ableitbare Sätze, Gesetze oder auch Theorien. Infolgedessen beziehen sich alle abgeleiteten Sätze auf die formale Struktur der $PT$ und ihres faktischen Gehaltes, der durch die Basisbegriffe $\varphi$, $\psi$ ... auf Grund ihrer strukturellen „Verarbeitung" geliefert wird. Jeder abgeleitete Satz ist damit theoriegebunden (theorieverbunden) und die im abgeleiteten Satz zum Ausdruck kommenden Eigenschaften sind ausschließlich ein Resultat der genannten Voraussetzungen. Mit der Forderung nun, daß die sich aus einer $PT$ ergebenden,

d. h. gefolgerten Sätze dem bis heute noch unbestimmten Kriterium der Beobachtbarkeit genügen sollten, ergibt sich ein spezifischer Zusammenhang zwischen einer *PT* mit ihrem materialen Gehalt und den Konsequenzen $B_i$, da ja die in *PT* und in den $B_i$ auftretenden Prädikate nicht identisch sind. Dies äußert sich in einer komplexen Zuordnung zwischen der *PT* und ihren Verifikations- oder Bestätigungs- oder Bewährungsinstanzen.

Im folgenden wird diese „komplexe Zuordnung"[1] im wesentlichen in dreierlei Hinsichten berücksichtigt werden:

1. dahingehend, daß man die *PT* mit ihrer mathematischen Struktur (Str.) und ihrem faktischen Gehalt von den drei epistemologisch und methodologisch relevanten Ebenen aus betrachtet: (a) der theoretischen Ebene, (b) der empirischen und (c) der beobachtbaren oder Beobachtungsebene und nach deren Zusammenhängen sucht;

2. dahingehend, daß zwischen Deduktion und Subsumtion unterschieden wird und zwar derart, daß neben dem Zusammenhang der drei Ebenen darauf geachtet wird, daß für die sogenannte deduktive Gewinnung von Gesetzen aus anderen, umfangreicheren Gesetzen und Theorien, die für die reine Deduktion *D* nötige Beschränkung bzw. Ergänzung aufgezeigt wird und

3. dahingehend, daß wegen 2. und mit Rücksicht auf 1. die Frage beantwortet werden müßte, ob zwischen den drei Ebenen eine linguistische Kontinuität oder Diskontinuität besteht (es sei hier terminologisch vereinbart, daß mathematische Gebilde spezielle linguistische Entitäten sind).

Bevor nun bezüglich des Zusammenhanges der Glieder des *Tripels: theoretisch, empirisch, beobachtbar* einige Ansichten vorgelegt werden, müssen mit Rücksicht auf dieses Tripel einige prinzipielle Betrachtungen über physikalische Systeme und Systembildungen vorangestellt werden.

Neben den speziellen linguistischen Entitäten der Mathematik (z. B. $\int x\, dx$, also primär der Begriff des Integrals) enthält eine *PT* Entitäten in Form der physikalischen Größen bzw. spezifischer deskriptiver Begriffe $\varphi$, $\psi$ .... Die dem jeweiligen physikalischen System zugrundeliegende mathematische Struktur (Str.) liefert eine Einsicht in die Verbindungen der Begriffe untereinander, also deren Ordnung innerhalb eines Systems als auch deren Ordnungsbeziehungen zu anderen Systemen.

Innerhalb eines Systems wird die jeweilige Korrelation zwischen physikalischen Größen und mathematischen Variablen in besonderer Weise zur Geltung kommen, insofern neben der dadurch erreichten numerischen Darstellbarkeit von Begriffen mathematische Problemlösungen (z. B. reelle Lösungen) innerhalb der *PT* für die Gewinnung des physikalischen Gehaltes teilweise mitbestimmend sein werden. Weiters werden spezifische Operationen mit spezifischen Begriffen korrelieren, so korreliert z. B. die Operation des Hintereinander- Anlegens mit der Längenmessung, wobei eben die diese Operation ermöglichende operationale Basis eine Voraussetzung für eine stabile Anwendung von Begriffen des Typs „Länge", „Geschwindigkeit", „Ort" usw. ist, sowie des weiteren dafür, daß das Ergebnis solcher Operationen zahlenmäßig ausdrückbar wird und damit bekanntlich quantitative

---

[1]) *M. Schlick*, Raum und Zeit in der gegenwärtigen Physik. 1917 Allgemeine Erkenntnislehre, 1918, 2. Aufl. 1925. Schlick versucht alle Erkenntnis auf Zuordnung zurückzuführen.

Relationen zwischen Objekten bzw. physikalischen Systemen ganz allgemein erreicht werden können[2]. Die physikalischen (mathematischen) Variablen nun, die in die jeweiligen mathematischen Strukturen einer $PT$ eingebettet sind, liefern den Gehalt, der eine Verbindung der Elemente des „Theoretischen", „Empirischen" und „Beobachtbaren" erkennen läßt. Nunmehr kann folgendes festgehalten werden. Die $PT$ (Str.) $(\varphi, \psi \ldots)$ liefert die Deskriptionen für gewisse ausgewählte Beobachtungssituationen, wobei die in der $PT$ vorkommenden deskriptiven Elemente aus dem Zusammenhang der physikalischen Variablen, die untereinander mathematisch verbunden sind, zu suchen bzw. zu gewinnen sind. Für jedes Deskriptionselement der $PT$, also die $(\varphi, \psi \ldots)$ mit den zwischen diesen Elementen bestehenden Relationen gilt, daß deren Bedeutung vom jeweiligen gesamten theoretischen Kontext mitbestimmt[3] (oder vielleicht vollständig vom Kontext bestimmt? ) und auch mitvariiert wird, daß aber wegen der Forderung einer reproduzierbar-voraussagbaren und beobachtbaren Situation, die Wahl der Zusammenhänge zwischen den deskriptiven Begriffen der $PT$ einerseits nicht mehr beliebig sein kann und andererseits jede $PT$ ihre eigene Klasse der zu ihr gehörigen relevanten Beobachtungsaussagen bestimmt. Letzterer Umstand zwingt aber nicht sofort zu der Annahme, nach der jegliche Beobachtungsgrundlage vollständig auf eine Theorie relativiert werden müsse[4]. Natürlich wird die Beobachtungsgrundlage bis zu einem gewissen Grade auf die Theorie relativiert sein und demgemäß auch eine komplexe Behandlung nötig machen, wie wenn es z. B. um die Deskription und Erklärung der beobachteten Rotverschiebung der Spektrallinien ferner Galaxien geht; die Deutung der Spektrallinien setzt die quantenmechanischen Einsichten auf einem entsprechenden begrifflichen Niveau voraus. Ohne vorerst weiter auf den Aufbau physikalischer Systeme einzugehen, genügt es für den gegenwärtigen Zweck, sich einiger interessanter Korrelationen zu erinnern, die für die Analyse der semantischen Seite theoretischer Systeme von Nutzen sein werden.

Wie schon früher erwähnt, korrelieren die physikalischen Größen mit den mathematischen Variablen $(K_1)$. Zwischen verschiedenen physikalischen Systemen kann eine gewisse Korrelation hergestellt werden, bzw. besteht sie auch, indem man sich auf solche Begriffe konzentriert, die die gesamte Physik hindurch laufen (z. B. die Begriffe Energie, Impuls, Drehimpuls), und an diesen Begriffen nach den Regeln ihrer eventuellen relativen oder absoluten Sinninvarianz oder Sinnvarianz[5] sucht $(K_2)$. Des weiteren ist der Aspekt derart abge-

---

[2] Vgl. z. B. die zusammenfassende Darstellung und Diskussion von *W. Stegmüller*, Probleme und Resultate der Wissenschaftstheorie und analytischen Philosophie, Bd. II. Theorie und Erfahrung, Berlin — Heidelberg — New York 1970.

[3] *C. G. Hempel*, „Probleme und Modifikationen des empiristischen Sinnkriteriums", in, Zur Philosophie der idealen Sprache, hrsg. v. *J. Sinnreich*, München 1972. „Der Begriff der kognitiven Signifikation: eine erneute Betrachtung", in: Zur Philosophie der idealen Sprache, hrsg. v. *J. Sinnreich*, München 1972.

[4] *P. K. Feyerabend*, „Zur Geschichte und Systematik des Empirismus", in: P. Weingartner, Hrsg., Grundfragen der Wissenschaften, Salzburg — München, 1968 a. "Against Method", in Minnesota Studies IV, 1968. Im wesentlichen versucht Feyerabend zu zeigen, daß es als unmöglich anzusehen ist, Sprachregeln auf Beobachtungsdaten zurückzuführen. Bei der Behandlung komplexer theoretischer Systeme kommt dieser Aspekt verstärkt zum Ausdruck.

[5] *P. K. Feyerabend*, "How to be a good empirist — a plea for tolerance in matters epistemological", in: Philosophy of Science, The Delaware Seminar, Bd. 2, hrsg. v. *B. Baumrin*, New York 1963.

schlossener theoretischer Systeme mit den darin auftretenden Begriffen bezüglich ihrer Sinninvarianz oder Sinnvarianz zu berücksichtigen, in welchen die Unterscheidung zwischen Observablen und Nicht-Observablen hinfällig geworden ist und somit ein Sinn- (Bedeutungs)-Vergleich von Begriffstypen vorgenommen werden kann, denen sowohl im Aufbau einer Theorie ein gewisses begriffliches Niveau zugeordnet ist (vielleicht als Observable gilt) als es auch im entwickelteren abgeschlossenen System auftritt (vielleicht dann als Nicht-Observable gelten kann) $(K_3)$. Eine weitere, epistemologisch vielleicht am wenigsten problemlose aber interessante Korrelation ist jene zwischen physikalischen Größenbegriffen — etwa Observablen — und irgendeiner infiniten Phänomenmenge, deren Elemente mit dem Prädikat „beobachtet" zu kennzeichnen wären. Es kann aber immer nur eine finite Phänomenmenge als Konstituentenmenge der Bedeutung der physikalischen Größen (Observablen) angesehen werden $(K_4)$. Letztlich sind noch solche Korrelationsformen einzubeziehen, die vom Typ eines Zusammenhanges (nicht aber notwendig der Identifizierbarkeit) sind, wie dieser z. B. zwischen quantenmechanischen Energiestufen und den Spektrallinien besteht. Oder: man definiert (etwa bei thermodynamischen Systemen) mit Hilfe gewisser Größen $p$, $v$, $T$ usw. gewisse Makrozustände, mit denen gewisse Mikrozustände in Korrelation gebracht werden. Dabei liegt einer der entscheidenden Unterschiede zwischen den Makro (beobachtbaren) — und den Mikrozuständen darin, daß für die bestimmten Begriffe, die Makrogrößenbegriffe z. B. $p$, $v$, $T$ die unmittelbare Meßbarkeit und damit auch deren genaue Kenntnis vorausgesetzt werden kann, während dies für die Größen, die die Mikrozustände beschreiben, nicht mehr Geltung hat. $(K_5)$. Die Korrelationspostulate $(K_1) - (K_4)$ sind eher metatheoretischer Natur und für sie kann auch ein mehr oder weniger hoher Grad an objektheoretischer Adäquation angenommen werden. $(K_5)$ dagegen scheint nahezu trivial-objekttheoretisch adäquat zu sein und kann deshalb schon eher als eine Objekt- denn als eine Metaaussage angesehen werden. Natürlich spielen im Prozeß physikalischer Begriffs- und Theorienbildung die einzelnen Postulate zusammen. Im folgenden werden wir uns primär auf $(K_4)$ konzentrieren und auf die übrigen Postulate nur hin und wieder zurückgreifen.

Wie können nun die Begriffsebenen mit den drei Elementen „theoretisch", „empirisch", „beobachtbar" zueinander in einen Zusammenhang gebracht werden? Mit $(K_4)$ wurde ja zum Ausdruck gebracht, daß das Observable innerhalb einer physikalischen Theorie mit einer infiniten beobachtbaren Phänomenmenge korreliert. Eine aus dieser Menge finite Phänomenmenge soll dann wenigstens als partielle Konstituentenmenge der Bedeutung des jeweiligen Begriffes angesehen werden können. Und dies vor allem im Sinne einer Voraussetzung dafür, daß eine $PT$ (Str.) $(\varphi, \psi \ldots)$ zu deskriptiven und in der Experimental- bzw. Beobachtungssituation für die $PT$ relevanten beobachtbaren Elemente $\alpha, \beta \ldots$ in Beziehung gebracht wird, wobei die $\alpha, \beta \ldots$ nicht notwendig zur $PT$ allein gehören müssen. Sie können entweder keiner oder einer anderen $PT$ angehören. Trotzdem müssen die $\alpha, \beta \ldots$ natürlich mit den deskriptiven Teilen $\varphi, \psi$ der $PT$ einige Gemeinsamkeiten aufweisen. Sollten etwa die $\alpha, \beta$ als makroskopische Eigenschaften klassifiziert werden, so wäre es unabhängig von einer allgemeinen Definition des Beobachtbaren vorerst einmal wichtig, zu fordern, daß beobachtbare Eigenschaften immer nur in Verbindung mit Materie auftreten. Eine solche Bedingung — wenn sie auch nur sehr schwach sein kann — verschafft wenigstens zum Teil eine prädikative Homogenität zwischen den $\varphi, \psi \ldots$ und den $\alpha, \beta$; diese

Forderung kann mit einigen Einschränkungen und Ergänzungen als eine der Voraussetzungen des Betreibens von Physik überhaupt angesehen werden.

Mit $(K_4)$ ist weiters der wichtigste Unterschied zwischen dem allgemein Observablen in einem epistemologisch-methodologischen Sinne und dem Observablen vom Typ gewisser physikalischer Größen bzw. Größenbegriffe angeschnitten worden. Der Übergang — so könnte man sagen — vom erkenntnis-theoretisch Beobachtbaren zum physikalisch Beobachtbaren entspricht dann den Übergängen von der Eigenschaftsbeschreibung zur Beziehungsbeschreibung, um schließlich in der Strukturbeschreibung zu enden[6]. Der Begriff des Observablen, der am Hintergrund der physikalischen Observablen konstituiert werden könnte, ist wegen seiner strukturellen Einordbarkeit in den Systemkontext (der Theorie) relativ klar, abgesehen natürlich von der Kompliziertheit gewisser physikalischer Begriffe, wie z. B. $|\psi|^2$ in der Wellenmechanik. Wenn also in der Ausweitung von $(K_4)$, eben der Idee einer partiellen Konstituierbarkeit der Bedeutung physikalischer Größen (insbesondere Observablen) durch Phänomenmengen $\alpha$, $\beta$ ... festgehalten wird, dann wird auch die Konsequenz zu ziehen sein, daß die für die Naturbeschreibung brauchbaren Begriffe nicht a priori geltende und gebildete sind, sondern eher a posteriori aus einer komplexen Wechselwirkung mit der physikalischen Umwelt hervorgegangen sind. Und daß die Elemente $\alpha$, $\beta$ nur eine partielle Bedeutungskonstitution für die $\varphi$, $\psi$, $\epsilon$ $PT$ liefern, kann durch eine Reflexion über einige Voraussetzungen einigermaßen expliziert werden.

Die wissenschaftstheoretischen Analysen betreffend das Verhältnis der $\varphi$, $\psi$, $\epsilon$ $PT$ zu den $\alpha$, $\beta$ zeigen, daß jedenfalls letztere durch erstere einer gewissen Definierbarkeit unterworfen werden können, nicht aber einer bedeutungsmäßigen Konstituierbarkeit. Der linguistische Kontext (die operationale Basis), der eine relative Bedeutungsstabilität der $\varphi$, $\psi$ als auch der $\alpha$, $\beta$ und die für das Verhältnis der beiden Begriffsreihen geforderte prädikative Homogenität garantiert, wird Elemente enthalten müssen, die außerhalb sowohl der $\varphi$, $\psi$ ... als auch der $\alpha$, $\beta$ liegen. Etwas überspitzt könnte man dies folgendermaßen formulieren: es ist anzunehmen, daß die für die Anwendung der $\varphi$, $\psi$ ... nötige linguistische Struktur Elemente enthalten muß, die aus der $\alpha$, $\beta$-Ebene kommen und vice versa. Verstehen als auch Erklären von Phänomenen — sagen wir der mit den $\alpha$, $\beta$ deskriptiv erfaßten Ereignisse — läuft zum einen über ein die $\alpha$, $\beta$ ... überschreitendes begriffliches Niveau, setzt also eine mathematische Struktur (Str.) und die in sie eingebetteten Entitäten $\varphi$, $\psi$ als $PT$ (Str.) $(\varphi, \psi)$ voraus; und zum anderen läuft der Prozeß des Verstehens und Erklärens über die Struktur linguistischer Felder, innerhalb deren sich Wissen um die Anwendbarkeit einer $PT$ als Instrument der Erklärung gewinnen wird lassen. Eine physikalische Theorie zum Erklärungsinstrument einer anderen zu machen heißt und erfordert, einen Rückgriff zu machen auf die linguistische Umgebung der Theorie als auch auf die zur Theorie gehörigen Beobachtungsaussagen. Es dürfte nicht unerheblich sein, die beiden linguistischen Umgebungen (die für die $\varphi$, $\psi$ und die für $\alpha$, $\beta$) bezüglich der Kriteriensysteme zu untersuchen, die die Ablehnung oder Annahme einer $PT$ und ihrer Folgerungen regulieren. Oder anders ausgedrückt: in den gemeinsamen Formen der internen und externen linguistischen Entitäten und Strukturen (Grammatiken), sind die Bedingungen für Erklären und

---

[6]) *R. Carnap*, Physikalische Begriffsbildung, Karlsruhe 1926.

Verstehen zu suchen. Der externe Teil ist in teilweiser Abhängigkeit von der *PT* als Interpretationssprache anzusehen. Der interne Teil kann über die metatheoretische Analyse mit dem externen bezüglich ihrer gemeinsamen designativen Elemente untersucht werden.

Das zu einem gewissen Zeitpunkt vorliegende Begriffssystem und der durch dieses abgebildete Objektbereich wird nicht zeitlos gültig bleiben. Vielmehr werden Änderungen — im einfachsten Falle von den $\varphi$, $\psi$ zu irgendwelchen $\varphi^*$, $\psi^*$, im komplizierteren Falle zu irgendwelchen $\sigma$, $\omega$ usw. — primär der Intension nach im ersteren und ihrer Intension und Extension im zweiten Falle, eintreten, was dann vielfach als Fortschritt angesehen wird[7].

An dieser Stelle entsteht natürlich sofort das Problem der Neutralität der sinnlichen Erfahrung oder einer Beobachtungssprache[8]. Gibt es Elemente vom Typ der Prädikate $\alpha$, $\beta$ ... in irgendeinem Sinn in Einzelaussagen der Erfahrung, die etwas wie das „Gegebene" oder „unmittelbar Gegebene"[9] erfassen? Und kann man von diesen Elementen ausgehend wenigstens ganz einfache Grundsätze (Grundgesetze) durch systematische Verallgemeinerung erreichen? Und kann dieses Vorgehen dann als induktiv-phänomenologischer Aufbau physikalischer Systeme angesehen werden? Hier ist zu betonen, daß, wenn es einen derartigen induktiven Weg gibt, dieser auch unabhängig (was die logische Seite betrifft) von der Existenz einer phänomenologischen Basis begründbar bzw. anwendbar sein müßte. Wird aber eine phänomenologische Basis gewählt, entsteht die Frage, inwieweit die Bedeutungsinvarianz für ihre Elemente angenommen werden kann. Und dies wird u. a. davon abhängen, welches die jeweils letzten Elemente sind, die im Falle einer reduktiven Analyse physikalischer Systeme beim Übergang von einer *PT* zu einer *PT'* ... usw. mit der Voraussetzung $PT' \subset PT$ erreicht werden können bzw. müssen. Sind es immer die phänomenologischen bzw. beobachtbaren Elemente $\alpha$, $\beta$ ..., die eine invariante Grundlage der Begriffs- und Theorienbildung liefern können oder auch müssen? Gilt also schematisch gesprochen

$$PT \to PT' \to PT'' \to PT^{n'} \to \ldots \alpha, \beta? \qquad (1)$$

Wir wollen diesen Aspekt an einem Beispiel mehr allgemein und einem zweiten etwas spezieller skizzieren, um die methodologischen und erkenntnistheoretischen Implikationen des Korrelationspostulates $(K_4)$ etwas klarer herauszuarbeiten.

*1. Beispiel:* Bekanntlich gilt es als logische Unmöglichkeit, auf deduktivem Wege $(D)$ von phänomenologischen oder makroskopischen Aussagen oder Aussagensystemen zu entwickelteren Systemen zu gelangen, während der umgekehrte Weg — wenn man vorläufig von speziellen Problemen der Eindeutigkeit des Enthaltenseins absieht — eher als gangbar anzusehen ist. Hierzu wird von der zeitgenössischen Wissenschaftstheorie vielfach

---

) Vgl. z. B. *D. Shapers*, "Meaning and Scientific Change", In: Mind and Cosmos, ed. by *R. C. Colodny*, Pittsburgh 1966.

) Vgl. z. B. *M. Hesse*, "Is there an Independent Observation Language?" In: The Nature and Function of Scientific Theories, Vol. 4, University of Pittsburgh, Series in the Philosophy of Science 1970.

) Diese Ansicht geht vor allem auf *E. Mach* zurück, der einen physikalischen Positivismus entwickelte, wonach das „Gegebene" zum Ausgangspunkt des Philosophierens gemacht werden sollte. Etwas davon zu unterscheiden ist *Carnaps* Wahl der eigenpsychischen Basis, die die Objektivität der Erkenntnis sicherstellen könne, indem das Eigenpsychische mit dem Strukturellen in Verbindung gebracht wird.

die Unverträglichkeit der klassischen Begriffssysteme einerseits mit den quantenmechanischen und relativistischen andererseits geltend gemacht. Bezeichnen wir mit $\alpha$, $\beta$ ... einige
klassische Größen und mit den $\varphi$, $\psi$ ... entsprechende der statistischen Thermodynamik,
so weiß man, daß a) jeder Beschreibung eines Mikrozustandes diejenige eines Makrozu-
standes entspricht und daß b) mehr Mikro- als Makrozustände existieren. Ohne näher auf
den Zusammenhang zwischen thermodynamischer Wahrscheinlichkeit und Makrozustän-
den einzugehen, genügt hier das Prinzipielle in der Verfolgung von (1) und wir können
wieder schematisch skizzieren:

$$\alpha, \beta, \in PT \Longleftarrow \begin{matrix} PT'_1 \\ PT'_2 \\ \vdots \\ PT'_n \end{matrix} \tag{2}$$

wobei die $PT'_1 ... PT'_n$ die einzelnen zu einem Makrozustand zugeordneten Mikrozustände
symbolisieren. Die Zuordnungsbeziehung zwischen den beiden Begriffsmengen — den Begriffsmengen der Mikro- und Makrobeschreibung, den als eindeutig bestimmbar geltenden
klassischen Größen und jenen der statistischen Thermodynamik — ist eine notwendige.
Daraus ergibt sich unmittelbar, daß die Objekte und Beobachtungsdaten, über die auf
Grund der und mittels der $PT'_1 ... PT'_n$ etwas ausgesagt werden kann, zu den makroskopischen Begriffen $\alpha$, $\beta$ ... gehören. Im ähnlicher Weise könnte man Beispiele aus den quantenmechanischen und relativistischen Begriffssystemen heranziehen. Nun weiß man ja heute,
daß für die Definition (Bildung?) von physikalischen Begriffen neue kritische Einsichten
bezüglich der Voraussetzungen der Definierbarkeit erforderlich sind. Diese Voraussetzungen lassen auch die Art der Zuordnungsbeziehungen zwischen Theorie und experimentellen
(makroskopisch registrierbaren) Befunden in einem neuen Lichte erscheinen. Handelt es
sich bei den $\varphi$, $\psi$ ... um physikalische Observable, so zeigt sich die Komplexität des mit
dem Korrelationspostulat ($K_4$) angedeuteten Aspektes, insofern nämlich die Observablen
nicht unmittelbar unter Bezugnahme auf das zu messende oder zu beobachtende Objekt
zu erklären und zu bestimmen sind, obwohl die Observablen bezüglich eines zu messenden
Objekttypus definiert werden müssen. Akzeptiert man in diesem Zusammenhang die Voraussetzung, daß für alle physikalischen Systeme Observable existieren müssen (was allgemein akzeptiert zu werden scheint), dann ist auch der allgemeine Charakter von ($K_4$) offengelegt. Die erwähnte partielle Bedeutungskonstitution der $\varphi$, $\psi$, $\in PT$ wird gemäß ($K_4$) von
einer „Phänomenmenge" gewährleistet, deren Elemente durch jene Aussagen repräsentiert
werden, die die Klasse der Meßobjekte zusammenfassen.

   *2. Beispiel:* Das Problem der Neutralität der sinnlichen Erfahrung bzw. einer
Beobachtungssprache impliziert die Frage, ob im Falle eines Überganges von den $\varphi$, $\psi$ zu
irgendwelchen $\varphi^*$, $\psi^* \neq \varphi$, $\psi$ dies eine Konsequenz für die Bedeutung der $\alpha$, $\beta$ ... mit sich
bringt. Es liegen demgemäß drei Fälle vor:

$$PT\,(\varphi, \psi ...) \rightarrow \alpha, \beta ... \tag{3a}$$

und im Falle einer Änderung des theoretischen Kontextes und der in diesem Kontext auftretenden Begriffe

$$PT^*\,(\varphi^*, \psi^* ...) \rightarrow \alpha, \beta, \text{ mit: } PT^* \subset PT \text{ oder auch } PT^* \not\subset PT. \tag{3b}$$

Oder müßte man anstelle von (3b) nunmehr

$$PT^* \, (\varphi^*, \, \psi^*) \rightarrow \alpha^*, \, \beta^* \tag{3c}$$

ansetzen, mit dem Resultat: $\alpha^*, \, \beta^* \neq \alpha, \, \beta$?

Man könnte sich diesen Prozeß der Suche nach letzten invarianten Elementen ad infinitum fortgesetzt denken, so daß neue theoretische Systeme die Zerlegung $\alpha^{**} \subset \alpha^*$ erforderten. Immer aber bleibt hierbei dieselbe Frage bestehen, durch welche Kriterien man solche letzten Elemente als Bedeutungsinvarianten und Anwendungsinvarianten erfassen kann und ob eine derartige Invarianzforderung für die Verifikation zu fordern wäre. Ob also, anders ausgedrückt, trotz oder eben wegen der zunehmenden Idealisierung in theoretischen Systemen diesen Systemen gegenüber invarianten linguistischen Bestandteilen als eine conditio sine qua non der physikalischen Erkenntnis und damit der Begriffs- und Theorienbildung angesehen werden müßte. Und würde ein Außerachtlassen der Forderung nach Bedeutungsstabilität nicht auch bedeuten, daß die Annahme einer variierenden Basis $\alpha, \, \alpha^*, \, \alpha^{**}$ die Gefahr einer zunehmenden Kohärenzbetrachtung hereinbringt? Ändert sich zwingend die Bedeutung der Basis mit den Elementen $\alpha, \, \beta$, wenn sich die Experimentalsituationen ändern, in denen die $\alpha, \, \beta$ am Hintergrund neuer theoretischer Einsichten auftreten können?

Nehmen wir an, die $\alpha, \, \beta$ ... seien Elemente (Zeichen) aus der Zeichenreihe, die zur Bezeichnung der Phänomenmenge „Wärmeempfindung" dient. Die damit nur Qualitatives repräsentierenden $\alpha, \, \beta$ werden bekanntlich quantitativ im Temperaturbegriff ausgedrückt, der vom Typ der $\varphi, \, \psi$ ist.

Wir konstruieren zu (3a)—(3c) die Analogie und konkretisieren etwas. Es sei an eine $PT$ gedacht, etwa an das Begriffsystem $p \cdot v = R. \, t$, das die erste Definition der Temperatur $t$ darstellt und $PT^*$ bedeute eine zweite Definition von $t$ zu $t^*$, die mit der Gleichung $ds = \dfrac{dQ}{t^*}$ geliefert wird. Setzen wir im Schema $\varphi = t$ und $\varphi^* = t^*$:

$$PT \, (\varphi \, ...) \rightarrow \alpha, \, \beta \, ... \tag{4a}$$

und entsprechend

$$PT^* \, (\varphi^* \, ...) \rightarrow \alpha, \, \beta \, ... \tag{4b}$$

Es wurde mit (4a) ein Temperaturbegriff eingeführt, dessen Temperaturwerte ein eindimensionales geordnetes Kontinuum bilden. Mit (4b) wird am Hintergrund der zweiten Definition die erste Definition kritisiert und damit auch nicht mehr als allgemeine Definition des Temperaturbegriffs akzeptiert. Müssen wir nun daraus Konsequenzen bezüglich der Elemente der Phänomenmenge „Wärmeempfindung" ziehen, die wie folgt aussehen?

$$PT^* \, (\varphi^* \, ...) \rightarrow \alpha^* \, ... \tag{4c}$$

mit: $\alpha^* \neq \alpha$ oder etwa $\alpha^* \subset \alpha$?

Erinnern wir uns, daß die in (4a) bis (4b) ausgedrückte Problematik in etwa erhalten bleibt, wenn mit den $\alpha, \, \beta \, ... \, \alpha^*, \, \beta^* \, ...$ usw. klassisch-physikalisches Vokabular bezeichnet wird und die $\varphi, \, \psi$ mikrophysikalische Entitäten sind. Während z. B. die Ablesung der Phänomen-

menge „Temperaturwerte" nicht weiter zerlegbar zu sein scheint (und vielleicht auch nicht
wünschenswert ist) — der Zeiger zeigt auf 50 °C — verhält sich die Situation hinsichtlich
der Phänomenmenge „Wärmeempfindung" nicht so. Obwohl die oben erwähnte prädikative
Homogenitätsforderung für die Begriffsreihen in (3a) bis (3b) und auch in (4a) bis (4b) er-
füllt ist, so scheint doch keine kontinuierliche Brücke zwischen den $\varphi$, $\psi$ ... und den $\alpha$, $\beta$ ...
konstruierbar zu sein. Denn wieder könnte man für beide Begriffsreihen höchstens eine
wechselseitig schwache bzw. partielle Bedeutungskonstitution zulassen, die ja aus der prädikativen Homogenitätsforderung hervorgeht. Eine vollständige als auch partielle Bedeu-
tungskonstruktion der $\varphi$, $\psi$ durch die $\alpha$, $\beta$ müßte zeigen können, in welcher Weise die
$\alpha$, $\beta$ oder auch Bestandteile davon in den $\varphi$, $\psi$ enthalten sind. Für das Beispiel der Temperatur könnte man sagen: wenn gewisse Zustände $Z_i$ herrschen, dann liegt eine gewisse Temperatur vor, so daß die Temperatur $t$ in der Phänomenmenge $E$ verankert werden kann:
also kurz:

$$Z_i \supset (t \supset E). \tag{5}$$

Das zweite Glied insbesondere reicht „logisch" nicht aus, um etwa die Temperatur als
Maß der Phänomenmenge „Wärmeempfindung" einzuführen. D. h. aber, daß für $E$ weder
ein zu $t$ analoges geordnetes eindimensionales Kontinuum noch sonst irgendeine Art von
Metrik auf der Basis von $t$ konstruierbar ist. Man muß derzeit negativ feststellen: die Logik
ist zu schwach, um die Brücke zwischen Begriff und Empfindung adäquat und kontinuier-
lich zu rekonstruieren. Weder die $\alpha$, $\beta$ ... $E$ noch die $\varphi$, $\psi$ ... $t$ können als verbindliche und
wechselseitige Bedeutungskonstituenten angesehen werden. Und ein Rückgriff auf außer-
linguistische Entitäten scheint ja keine bessere Lösbarkeit zu bieten, insofern sich der Begriff des „Gegebenen" oder „unmittelbar Gegebenen" bei näherer Analyse als leerer[1]) Begriff erweisen wird lassen.

In (5) ist der Übergang von den $Z_i$ zu $t$ als eine mehr mathematisch-physikalische Folgebeziehung anzusehen, dagegen diejenige von $t$ zu $E$ als eine, für die der linguistische Kontext als begriffliche Umgebung heranzuziehen ist, aus dem heraus dann die Gewinnung der Prämissen zur Erreichung des Gliedes $(t \supset E)$ ermöglicht wird. Offensichtlich
ist für die Reihen $\alpha$, $\beta$ ... $E$ und die $\varphi$, $\psi$ ... $t$ die jeweilige operationale Basis bezüglich
ihrer Prädikatvorräte als auch der Prädikattypen verschieden, nicht aber notwendig ver-
schieden hinsichtlich der grundlegendsten grammatikalischen Strukturen. Denn: treten
irgendwelche $\alpha$, $\beta$ ... in einer Beobachtungs- oder Experimentalsituation als deskriptive
Elemente auf, liefert ja die Grammatik der *PT* den systematischen Anteil für die jeweilige
Beobachtungssituation. Wenn die theoretischen Entitäten dann als logische Konstruktionen[2]) ausgezeichnet werden sollten, die aus einer phänomenologischen Basis heraus gewonnen werden könnten, müßten außer den dazu logischen Schritten auch die mit diesen parallel laufenden Schritte der Entstehungszusammenhänge neuer Begriffe und Begriffsinhalte
aufgezeigt werden, was gegenwärtig nicht nur nicht möglich, sondern überhaupt als zu ver-

---

[1]) *W. Stegmüller*, Probleme und Resultate der Wissenschaftstheorie und Analytischen Philosophie
Band II, Theorie und Erfahrung, Springer-Verlag Berlin · Heidelberg · New York 1970.

[2]) *B. Russell*, Mysticism and Logic and other Essays, 9. Auflage, London 1950.

einfachter Ansatz angesehen werden muß. Dies ist zweifach begründet: einmal dadurch, daß jede Metatheorie, die die Gewinnung von theoretischen Entitäten durch logische Konstruktion, ausgehend von einer phänomenologischen Basis, den Anteil der Bedeutung in den $\varphi$, $\psi$ ... zu bestimmen hätte, der eventuell durch die Existenz außerlinguistischer Entitäten konstruiert wird; oder anders gefragt: kann eine Reduktion von einem $\alpha$ zu einem $\alpha^* \subset \alpha$ derart geführt werden, daß durch eine Idealisierung das Element $\alpha^*$ als außerlinguistische Entität gelten kann und damit eine partielle Bedeutungskonstitution für Begriffe ermöglicht? Selbst für den Fall des Vorhandenseins von $\alpha^*$ als außerlinguistische Entität, kann diese doch nur für die Produktion eines Satzes angeführt werden – die $\alpha^*$ müßte durch die linguistische Entität repräsentiert werden – und ist deshalb als Bedeutungskonstituente problematisch, weil nur Sätze mit Sätzen verglichen werden können. Es tritt aber noch eine weitere Schwierigkeit auf: die phänomenologisch aufgefaßten Elemente $\alpha$, $\beta$ ... sind deshalb nicht leicht in ihrer bedeutungskonstitutiven Funktion erkennbar, weil sie nicht ohne weiteres in die mathematische Struktur der physikalischen Theorie hinein abbildbar sind. Zwar kann z. B. für ein $\alpha$ (z. B. Spektrallinien) innerhalb der $PT$ eine strukturelle Ordnung angegeben werden, was aber eher einer Definition als einer logischen Konstruktion oder einer linguistisch verstandenen Bedeutungskonstitution ähnelt. Sowohl für die logische Konstruktion als auch für die linguistische Bedeutungskonstitution – jeweils ausgehend von einer $\alpha$, $\beta$-Ebene – soll etwas durch Angabe der dafür nötigen Prämissen geklärt werden. Um es informationstheoretisch auszudrücken: es ist nicht geklärt, wie die in den $\alpha$, $\beta$ ... steckende Information in die $\varphi$, $\psi$ ... hinein übertragbar ist, was natürlich insbesondere die Beantwortung der Frage nach der Bedeutungskonstitution für höhere begriffliche Niveaus erschwert. Diese Schwierigkeit sei kurz und skizzenhaft am Begriff der absoluten Bewegung erörtert: Wir haben die Theorie der absoluten Bewegung mit dem Begriff der absoluten Bewegung $PT_1$ ($\varphi$ ...), den entsprechenden Kontext einer absolut ruhenden Erde, der folgenden Kontextänderung (kopernikanisches Weltsystem) und die darauf wiederum folgende in Beziehungsetzung aller Erscheinungen auf relative Veränderungen:

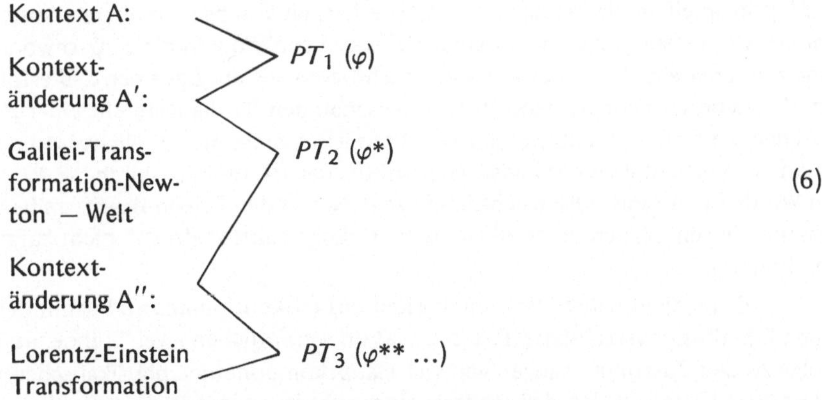


$$(6)$$

*Resultat:* Begriffsbildungen als logische Konstruktionen oder systematische Bedeutungskonstitutionen stehen in Beziehung mit den Kontextänderungen A – A' – A'' usw. und gleichzeitig mit einer schrittweisen Reduktion auf komplexere Kontexte, was für

den Fall der Bewegung zu einer einfacheren und einheitlicheren Behandlung mechanischer
Probleme führt. Da nun ja die jeweiligen Kontextänderungen die Voraussetzungen für die
Ermittlung und Bildung von Prüfaussagen sind, wird es mit Rücksicht auf (6) schwierig
oder vielleicht überhaupt unnotwendig sein, die Differenz im begrifflichen Niveau bezüglich
der $\varphi$, $\psi$ und der $\alpha$, $\beta$ auf ontologischer Grundlage durchzuführen. Bezüglich des Verhältnisses der beiden Begriffsreihen können wir nun zusammenfassend folgendes sagen: Zuerst
ist festzustellen, daß zwar wie erwähnt die $\alpha$, $\beta$ nicht ohne weiteres in die $PT$ hinein abgebildet werden können, daß aber deren Zusammenhang mit den $\varphi$, $\psi$ durch die Forderung der
prädikativen Homogenität gewährleistet werden muß. Und als Begründung können wir anführen: Kontext- und Theorienänderungen (kurz: die an die $\alpha$, $\beta$ heranzutragenden Prämissen und die für diese Prämissenkonstellation nötige Logik) liefern die über die $\alpha$, $\beta$ … hinausgehende Bedeutung theoretischer Entitäten.

      Die Bestimmung bzw. Trennung des empirischen und analytischen Gehaltes
einer Theorie kann zwar dann für eine einheitliche Erfassung des Beobachtbaren mittels der
Bildung des Ramsey-Satzes versucht werden, obwohl aus diesem über den unter den Beobachtungsaussagen einer Theorie bestehenden Zusammenhang für eine Systematik der Beobachtungsaussagen nichts gewonnen werden kann. Und gerade eine Systematik und Grammatik von in Experimental- bzw. Beobachtungssituationen gewonnenen Aussagen könnten
mehr Aufschluß über das Zustandekommen des empirischen und analytischen Gehaltes von
Theorien zulassen.

      Als theoretischen Gehalt können wir nun wegen der begrifflichen Niveaudiffe-
renz die potentiell-prognostisch beobachtbaren und als empirischen Gehalt die aktuell-
prognostisch beobachtbaren und beobachteten Phänomenmengen ansehen. Das Zusammenwirken der beiden Teile mit dem analytischen Gehalt der $PT$ — damit ist vorausgesetzt,
daß das Auftreten von Analytizität gewisse linguistische Entitäten ohne Beobachtungsge-
halt klassifiziert — wird den Prognostizierbarkeitsgehalt bestimmen. Damit ist aber auch
z. T. der semantische (referentielle) Gesichtspunkt der $PT$ mit dem prognostischen in Verbindung gebracht worden, was natürlich nicht heißt, daß die Entstehung der Referenz
einer $PT$ prinzipiell an die aktuale Prognostizierbarkeit von beobachtbaren Aussagen gebunden ist. Der referentielle Aspekt einer $PT$ wird primär durch die $\varphi$, $\psi$ gewonnen, dessen
Geltung aber über eine Systematik des Beobachtbaren auf der Basis der $\alpha$, $\beta$ erfolgen wird
müssen. Diese begriffliche Niveaudifferenz zwischen den für die Referenz einer $PT$ relevanten und den die Referenz stützenden Elementen ist es auch, die zur Nicht-Isomorphie-Inter-
pretation des Verhältnisses der logischen Struktur der $PT$ und der durch die $PT$ repräsen-
tierten Wirklichkeit führt. Offensichtlich liegt zwischen den beiden Begriffsreihen ein Dis-
kontinuum, dessen Lücken durch die logische Rekonstruktion der $PT$ nicht aufgedeckt
werden konnte.

      Diese nicht nähere Bestimmbarkeit des Diskontinuums und damit des theo-
retischen Gehaltes physikalischer Theorien hat im wesentlichen zwei Gründe, und führt in
der Folge zu den Zusammenhängen von vier Hauptkomponenten physikalischen Räsonierens. Der erste Grund ist der, daß mangels einer entwickelteren Bedeutungstheorie die Frage der Bedeutungsübertragung offen gelassen werden muß und dies natürlich für die Interpretation einer $PT$ nicht wirkungslos bleiben kann. Der zweite Grund ist darin zu sehen,
daß wegen der berechtigt vermuteten Leerheit des Begriffs des „Gegebenen" eine wie

immer geartete Beobachtungssprache ihre Verankerung verliert und somit auch die These der Diskontinuität durch einen Rückgriff auf unterschiedliche grammatische Stufen hinfällig ist.

Wegen des letzteren und eines weiteren Gesichtspunktes, daß wir nämlich das „Gegebene" nicht im Sinne Carnaps [4] als Basis eines Aufbaus der Erkenntnis ansehen, die der Bedeutungsgewinnung (= Bedeutungskonstitution) dient, sondern vielmehr das in der Beobachtungs- oder Experimentalsituation Faßbare als Regulativ für eine Systematik der Beobachtungsaussagen im Sinne einer allerdings erst aufzubauenden allgemeineren Theorie der Beobachtung sehen wollen, soll diese Abschwächung im Gegensatz zur Konstitutionstheorie die hypothetisch-konstitutive Komponente ($H{-}K$) genannt werden. Denn der Aufbau der physikalischen Systeme und Theorien vollzieht sich nicht so, daß irgendwelche $\alpha, \beta$ eine in einem Kontextbereich verbindliche Basis bilden müssen, sondern es ist vielmehr so, daß sie als Zeichen für Eigenschaften und Objekte figurieren: dabei ist die Voraussetzung einer eindeutigen Entsprechung von Zeichen einerseits und den Eigenschaften und Objekten andererseits ein erkenntnistheoretisch und methodologisch bedeutsames Vorgehen, macht doch erst dieses die mathematische Behandlung von Eigenschaften und Objekten in der physikalischen Theorie möglich. Diese Voraussetzung ist heuristisch außerordentlich sinnvoll und erfordert scheinbar im komplexen Prozeß wissenschaftlichen Räsonierens keinerlei wie immer geartete Designations-, Denotations- oder Referenztheorie. Den Elementen $\alpha, \beta$ ... wird aber die vorausgesetzte eindeutige Entsprechung nicht mittels der durch Theoretisierung hervorgebrachten Bedeutungsvariation entzogen; die Theoretisierung bewirkt die Entstehung eines über die $\alpha, \beta$ ... hinausgehenden linguistischen Bereiches, dem sie zugeordnet sind und das die Ordnungsstruktur für das Auftreten der $\alpha, \beta$ ... festlegt (z. B. die im Sichtbaren und Nicht-Sichtbaren liegenden Elemente im Spektrum.)

Mit der Klasse der Regeln nun, die das Verfahren [H—K] ermöglichen, sei die hypothetisch-induktive Komponente [H—I] bezeichnet, die üblicherweise die empirische Induktion genannt wird. Mit der hypothetisch deduktiven Komponente [H—D] soll der Unterschied zur reinen Deduktion [D] durch jenen Aspekt hervorgekehrt werden, der in der Differenz zwischen deduktiver und subsumtiver Erkenntnis zum Ausdruck kommt: die [H—D] Komponente hat den theoretischen Gehalt (empirische und analytische Teile) zur Voraussetzung, der [D] fehlt der empirische Anteil. Für das physikalische Räsonieren kann auf das Zusammenwirken dieser 4 Komponenten zurückgegriffen werden,

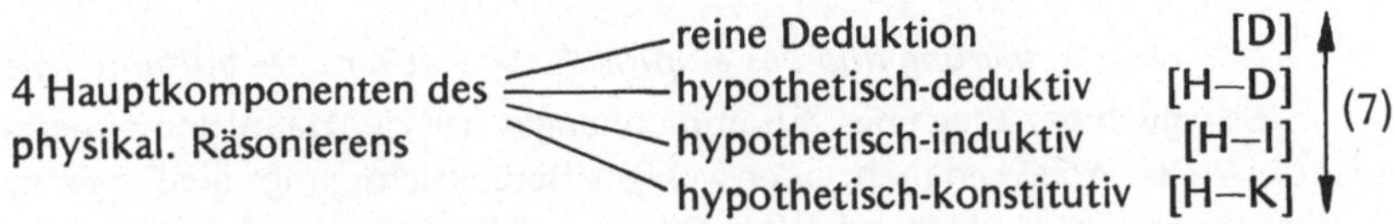


in welchen der Großteil der vorerst relevanten Erkenntnisprinzipien verankert sein dürfte.

Da wir es hier mit physikalischen Theorien und Systemen zu tun haben, wird [D] in etwa den mathematischen Theorien entsprechen und die übrigen drei Komponenten werden ebenfalls auf die Begriffe „theoretisches System", „empirische Theorie", „wissenschaftliches Gesetz" usw. zu beziehen sein.

Soweit es sich um die bisher bekannten, mehr oder weniger abgeschlossenen Systeme und Theorien handelt, ist es möglich, die physikalischen Begriffsentwicklungen

in Strenge darzustellen, was vor allem auf die reiche Anwendbarkeit mathematischer Theorien auf die physikalischen Phänomene zurückzuführen ist. Allerdings sind es nicht allein
die mathematischen Theorien und die Prinzipien mathematischer Begriffsbildung, die
einen physikalischen Begriff oder eine Klasse physikalischer Begriffe zu guten Begriffen
machen. Denn der physikalischen, allgemein der empirischen Begriffsbildung liegt neben
dem Einfluß der mathematischen Theorien ein vom Mathematischen zu unterscheidendes
operativ-konstruktives Verfahren zugrunde, das den mathematischen Aspekt ergänzt oder
vielleicht auch mit diesem parallel läuft. Ein u. a. augenfälliger Unterschied zwischen
mathematischer und physikalischer Theorienbildung liegt ja darin, daß bei letzterer eine
„reine Kohärenzbetrachtung" nicht ausreicht. Das über die reine Kohärenzbetrachtung
Hinausgehende kann aber mit Hilfe der semantischen Begriffe wie z. B. „Referenz",
„empirische Interpretation", „Bestätigung" typisiert werden.

Sofern man nun primär an den deskriptiven Gehalt der *PT* denkt — dann unter
Einbeziehung mathematischer Strukturen, in die die physikalischen Begriffe eingebettet
sind oder werden — so gelangt man einmal vorerst dahin zu sagen, daß die Begriffs- und
Theorienbildung sich im Zusammenwirken der erwähnten 4 Komponenten manifestieren
wird.

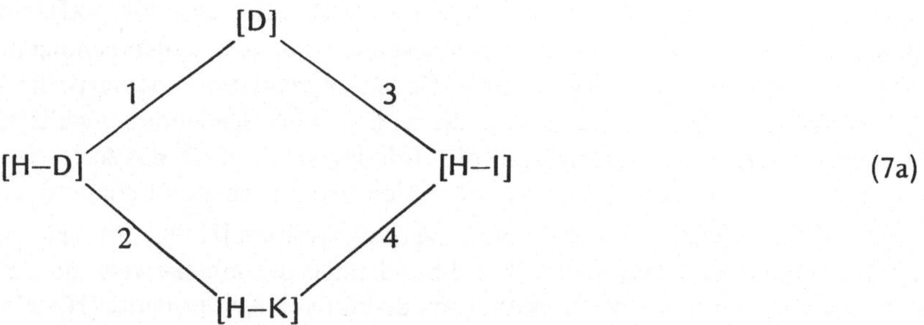

$$\begin{array}{ccc} & [D] & \\ {}^1\diagup & & \diagdown{}^3 \\ [H\!-\!D] & & [H\!-\!I] \\ {}^2\diagdown & & \diagup{}^4 \\ & [H\!-\!K] & \end{array} \qquad (7a)$$

Hier ist es nunmehr mit Rücksicht auf das bisher Besprochene wichtig zu bemerken, daß
als Grundlage physikalischer Begriffsbildung hinsichtlich der 4 Komponenten kein reihen-
folgemäßiges Vorgehen von einer zur anderen Komponente ohne weiteres zu begründen
ist.

*Referenz, Erklärung und das empirisch-theoretische Dichotomie-Dilemma.*
Bezüglich der Frage des Zusammenhanges der vier Hauptkomponenten findet
ein Aspekt in vielen Analysen mehr oder weniger Berücksichtigung: die Frage nach der Art
der Verschränkung der [H—I] mit der [H—D]. Gegenwärtige Versuche, diese Verschränkung
zu explizieren, zeigen zwar, daß die Voraussetzungen des Auffindens oder Aufstellens von
empirischen Gesetzen und Theorien jeweils verschieden sind. Dies bedeutet genauer gesehen: im [H—I]-Räsonieren werden die deduktiven Möglichkeiten „mitgedacht". Oder weniger psychologistisch ausgedrückt: in der Klasse der Prinzipien (Regeln) des induktiven Theo-
retisierens und induktiven Systematisierens kommen die deduktiven Möglichkeiten zur Wirkung. Damit wird wenigstens von [D] her gesehen der Beliebigkeit des Erstellens oder intui-
tiven Vorgehens bei der Theorienbildung eine wenn auch schwache Begrenzung auferlegt.

Natürlich kann auf der Basis von [D] allein keine allgemeine kriterienmäßige Idealisierungsbegrenzung des „induktiv-Möglichen" konstruiert werden. Die schrittweise Explikation der Verschränkung, die Angabe der dafür nötigen begrifflichen Ausgangsbasis und die Verwertung für die Theorie der Erklärung zeigt, daß [H—K] an irgendeiner Stelle miteinbezogen werden muß und sich im Unterschied zwischen subsumtiven und theoretischen Erklärungen äußern wird. An diesem Punkt wird oftmals die Forderung ausgesprochen, daß das zu Erklärende in einer anderen Sprache vorliegen muß als das Erklärende.

　　　Bekanntlich wurden oft, und z. T. wird es heute noch getan, die Bewegungsgesetze als komplexe empirische Generalisationen klassifiziert, die unter Heranziehung insbesondere der Komponente [H—I] gewonnen wurden, wobei hierfür die begriffliche Ausgangsbasis in beobachtbaren Phänomenen gesehen wird. Mit diesem Typus von Gesetzen liegen dann die Grundlagen für subsumtive Erklärungen vor. Im Falle von davon zu unterscheidenden theoretischen Erklärungen handelt es sich um entsprechend theoretische Hypothesen, die zwar durch beobachtbare Tatsachen „nahegelegt" wurden, jedoch durch diese nicht auf systematische Weise gewonnen und begründet werden können. Bei diesen Problemen ist es wichtig, die erkenntnistheoretische und methodologische Position klarzulegen und abzugrenzen, um eine Deutung des Verhältnisses zwischen physikalischen Begriffen und den Theorien einerseits und den beobachtbaren Grundlagen andererseits zu erhalten. Eine naiv empiristische Deutung dieses Verhältnisses und einer Basis — etwa der Beobachtung — könnte in dem Versuch gesehen werden, jede Erklärung als Beschreibung auf einem bestimmten begrifflichen Niveau aufzufassen, damit natürlich die weitere Konsequenz impliziert ist, daß jede Erklärung zu einer Subkategorie einer Beschreibung wird. In der Folge könnte dies in einer lockeren pragmatischen Dimension dahingehend erweitert werden, es von einer subjektiven Entscheidung abhängig zu machen, auf welchem begrifflichen Niveau man von einer Erklärung oder einer Beschreibung sprechen könnte bzw. sollte. Eine zu weit gefaßte pragmatische Auffassung würde allerdings die brauchbaren Kategorien „erklären" und „beschreiben" verwischen, so daß es als wünschenswert angesehen werden kann, beim Aufbau einer Theorie der Erklärung als auch einer Theorie der Beschreibung die eine als eine Art Standarderweiterung der anderen bei genormten Basiselementen $\alpha, \beta$ aufzufassen. Der Einfluß der pragmatischen Dimension kommt insbesondern dann zur Geltung, wenn es darum geht zu entscheiden, ob bei Nichtvorhandensein einer erweiterten Theorie $PT'$ zu einer $PT, PT$ als Erklärung oder Beschreibung aufgefaßt werden kann. Wir wollen diesen Fragen durch drei Einschränkungen etwas näher rücken:

　　　a) Man könnte einmal versuchen, den Begriff der Beschreibung unter den der Erklärung, entsprechend den verschiedenen Stufen der Gesetze bis hin zu den Theorien, zu subsumieren, um entsprechende Stufen der Erklärung zu erhalten. Dies könnte dann aber auf die jeweiligen Stufen zu relativierenden Adäquatheitsbedingungen führen. Wenn Gesetze und Theorien Erklärungen über ein Objektbereich liefern sollen, dann gehen in die Erklärungsleistung unterschiedliche Verifikationsgrundlagen ein. Und eine fruchtbare Entwicklung könnte dann darin gesehen werden, den Begriff des Anwendungsfeldes einer Theorie mit dem nomologischen Erklärungsbegriff in Verbindung zu bringen, aus der heraus der Begriff des Erklärungswertes einer Theorie aufzubauen wäre. Leider sind diese Begriffe mangels einer entwickelteren Pragmatik der Wissenschaftstheorie noch wenig entwickelt worden.

b) Man entscheidet sich dazu, einen allgemeineren Begriff der wissenschaftlichen Erklärung zu konstruieren, der von spezifischen, formalen und inhaltlichen Bestimmungen der Gesetze und Theorien mehr oder weniger unabhängig ist.

c) Da die mathematischen Theorien in der $PT$ eine große Rolle spielen und somit a fortiori dem mathematischen Anteil an der $PT$ ein Erklärungsanteil zugesprochen werden muß, ist es wichtig darauf hinzuweisen, daß wegen der beschränkten und ergänzungsbedürftigen Anwendbarkeit der reinen Kohärenzbetrachtung auf physikalische Begriffssysteme gilt: [H–I] ist mit [H–D] und [D] verknüpft (die deduktiven Möglichkeiten werden im induktiven Systematisieren und induktiven Theoretisieren mitgedacht); die den mathematischen Theorien im physikalischen Räsonieren auferlegte Begrenzung erfolgt durch die Erfüllung der Forderung der prädikativen Homogenität, d. h. daß es innerhalb der $PT$ $(\varphi, \psi)$ eine strukturelle Einordnung (partielle Abbildung) der $\alpha, \beta$ gibt. Wird ein Übergang von $PT$ zu einer $\overline{PT}$ vollzogen, so daß mit letzterer zu den Elementen $\alpha, \beta$ ein Element $\gamma$ desselben begrifflichen Niveaus eingeführt wird (das also z. B. auf Grund einer zu $PT$ hinzugefügten Hypothese oder auf Grund einer strukturellen-mathematischen Änderung innerhalb von $PT$ ein $\gamma$ herausgebracht wird), so kann dieser Umstand sowohl die erweiterte Verifikationsbasis als auch ein Element für die Falsifikation von $PT$ mittels $PT'$ ergeben.

Der zur reinen Kohärenzbetrachtung hinzuzufügende Teil bildet also das Verhältnis zwischen den $\alpha, \beta \ldots$ und den $\varphi, \psi \ldots$ Nun gibt es keine Erfahrungssätze, die unter Heranziehung der [H–I] auf der Basis einzelner Beobachtungen abstrahiert wurden. Daraus könnte und ist schon die Konsequenz gezogen worden, daß die Basis des wie immer verstandenen „Induzierens" nicht notwendig in einem eindeutigen bzw. einheitlichen begrifflichen Niveau liegen muß: Beobachtungen können höchstens als Stimulatoren der Theorienbildung angesehen werden und es ist nicht a priori einzusehen, warum nicht auch Nicht-Beobachtungsaussagen eine theorienbildende Funktion einnehmen könnten.

Für das [H–D] Räsonieren ist ein variables Begriffsniveau insofern relevant, als für die aus Theorien deduzierbaren Gesetze keine eindeutige Basis vorausgesetzt werden kann: dies wirkt sich natürlich dann auf die Verifikation einer Theorie aus. Während im [H–D] Vorgehen „irgendeine" Verifikationsbasis als notwendig erachtet werden muß, trägt diese Verifikationsbasis gemäß unseren früheren Ausführungen kaum etwas bei für die Konstitution der Bedeutung der in der $PT$ auftretenden relevanten deskriptiven Termini, sondern das Auftreten der $\alpha, \beta$ in der von der $PT$ gegebenen strukturellen Ordnung vermag einen Bedeutungsgehalt zu liefern. Daraus ersieht man, daß die Komponenten [H–K], [H–I] und [H–D] eine nahezu untrennbare Einheit in der physikalischen Begriffs- und Theorienkonstruktion bilden. Wir können nochmals festhalten: im Zusammenspiel der vier Hauptkomponenten physikalischen Räsonierens liegt die Voraussetzung, die die theoretische, die empirische und die beobachtbare Wissensebene zu vereinen vermag. So ist ja schon bei einfachen Fällen die wechselseitige Anwendung der Methode des Experimentes und der Beobachtung einerseits und der Methode des mathematischen Räsonierens andererseits in dem Sinne zu berücksichtigen, daß mit der Sammlung von ausgewählten Daten die Suche nach einer die Daten erfassenden Funktion erfolgt; dies führt u. a. zur Kenntnis empirischer Gesetze und des weiteren etwa zu Gleichungen vom Newtonschen Typ, die in der physikalischen Theorie eine große Rolle spielen. Zweitens geht diese wechselseitige methodologische Anwendung auch auf komplexerer Ebene in die Begriffs- und Theorienbildung ein, wie in Teilen der modernen Physik, wo Transformationen von fundamentalerer Bedeutung sind als Gleichungen vom Newtonschen Typ. Und drittens sind die Anfangs/Randbedingungen jene Teile in der physikalischen Erkenntnisfindung, die am wesentlichsten für die Komplexität in der Naturbeschreibung sind, weil sie sich nicht in die mathematische Darstellung einfügen lassen (z. B. die Unableitbarkeit der Masse).

Welche Bedeutung kommt nunmehr dem Verhältnis zwischen Theorie und Beobachtung zu? Es wurde ja ausgeführt, daß der [H—K] auch für die in der *PT* auftretenden theoretischen Entitäten eine partielle bedeutungskonstitutive Funktion zugeschrieben werden kann, wenn nur immer die mathematische Struktur in *PT* herangezogen wird. Denn jeder in *PT* auftretende Begriff hat eine Bedeutung, für die erst dann eine explizitere Form erreicht wird, wenn die *PT* einigermaßen entwickelt ist und damit der theoretische Gehalt von *PT* eine potentielle Konfrontation mit der Erfahrung erkennen läßt.

Es scheint so und ist auch oft angeführt worden, als könnten die in *PT* auftretenden theoretischen Begriffe eine implizite Bedeutungskonstitution in Analogie zur impliziten Definierbarkeit mathematischer Grundbegriffe durch Axiome erhalten. Zum Teil wird diese Analogie in etwa aufrechtzuerhalten sein, sofern man nur für die *PT* den Unterschied zwischen den zwei Klassen von Sätzen macht: den theoretischen Sätzen (Gesetzen, Postulaten) und den empirischen Sätzen (z. B. actio-reactio, Gravitationsgesetz). Das, was also zur „reinen Kohärenzbetrachtung" insbesondere in entwickelteren theoretischen Systemen (theoretischen Physik) hinzukommt, sind die empirischen Gesetze; die in „vertikaler Richtung" über einen Objektbereich verbindbar sind und u. a. so auch eine für die einzelnen Gesetze wechselseitige Interpretationsgrundlage bilden. Und dies gilt offensichtlich auch für das Verhältnis zwischen Gesetzen und Theorien. Da die mathematischen Strukturen die Ordnungsgrundlage für den Vergleich der $\varphi$, $\psi$ mit den $\alpha$, $\beta$ innerhalb von *PT* bilden und der empirische und analytische Anteil von *PT* den theoretischen und umgekehrt, letzterer auf die beiden ersten Teile einen Einfluß haben wird, so können wir diesen Prozeß als Ausdruck des Zusammenhanges der 4 Hauptkomponenten sehen, die damit für Referenzgewinnung mitbestimmend sind. Dies kann wie folgt zusammengefaßt werden: theoretische Postulate — allgemein die *PT* schlechthin — haben in den unter sie mehr oder weniger vollständig deduktiv und subsumtiv untergeordneten Gesetzen eine Referenz oder Referenzklasse bestimmter begrifflich- struktureller Ordnung (so wäre z. B. $r^{-3}$ keine referentielle subsumtive Grundlage für ein theoretisches Postulat). Empirische Gesetze repräsentieren also auf bestimmter Stufe und in einem bestimmten Verhältnis zu theoretischen Postulaten (*PT*) eine strukturelle Referenzklasse und enthalten eventuell wiederum eine solche subsumtiv (nicht deduktiv), welche an irgendeiner Stelle spezifische Beobachtungen oder Messungen innerhalb eines Phänomenbereiches zuläßt.

Es ist evident, daß diese unterschiedlichen Referenzordnungen (Typen physikalischer Gesetze) mit Rücksicht auf die *PT*, die den Gesetzen übergeordnet ist, Elemente enthalten müssen oder aus ihnen gewonnen werden müssen, die in der Mathematik allein nicht enthalten sein können: die Struktur der zu einer *PT* subsumtiv gehörenden Referenzklasse und die Interpretationsgrundlage ($\alpha$, $\beta$) korrelieren. Eine Referenzklasse kann die Interpretationsvoraussetzung einer anderen sein.

Die verschiedenen physikalischen Gesetzestypen sind in ihrer mathematischen
Struktur immer ein Teil eines allgemeinen Strukturschemas, welches von den mathematischen (logischen) Theorien geliefert wird. Dabei kann sowohl für die physikalischen Gesetze als auch Theorien der strukturelle Gehalt ohne den theoretischen, nicht aber der
theoretische vollständig ohne den strukturellen (z. B. mathematischen) erfaßt werden.
Hierin liegt z. T. der Umstand begründet, daß die $\varphi$, $\psi \in PT$ nicht als Äquivalent zu einer
Klasse von Termini der Art $\alpha$, $\beta$ ... gesetzt werden kann. Die theoretischen Termini können
also nicht aus dem theoretischen und strukturellen Kontext (= die Theorie mit der linguistischen Umgebung, d. h. der Klasse der weiteren theoretischen Voraussetzungen, die die
Anwendung der Theorie auf einen bestimmten Bereich garantieren und so zur Bedeutung
der theoretischen Termini der Theorie beitragen) herausgerissen werden, zeigen aber doch
deutlich die Differenz zwischen dem, was strukturelle Referenz $(R_I)$ und dem, was nun-
mehr materiale Referenz $(R_{II})$ genannt werden könnte. Die $\varphi$, $\psi \in PT$ sind nicht die $R_{II}$ selbst,
sondern stehen für die $R_{II}$; damit ist zwischen theoretischen Begriffen, Referenz und Refe-
renzobjekten unterschieden. Ist nun beim reduktiven Vorgehen keine strukturelle Referenz
$(R_I)$ mehr vorhanden, was z. B. bei der Reduktion von einfachen empirischen Gesetzen der
Fall ist, dann wird $R_I$ durch die grammatische Form etwa eines Beobachtungssatzes (z. B.
dies ist eine rote Linie, der Zeiger zeigt auf 50 °C, usw.) repräsentiert sein; die materiale
Referenz $(R_{II})$ wird für diese Sätze in der designativen Funktion bestehen. Für den Fall
der Zeigerablesung z. B. könnte man für $R_I$ und $R_{II}$ jeweils einen Einfachheits- bzw. Desig-
nationsgrad auf Null normieren. Ohne näher auf die $R_{II}$-Struktur, die innerhalb einer $PT$
und insbesonders zwischen einer $PT$ und einer $\overline{PT}$ besteht, ist eine $PT$ vorerst einmal in
semantisch zwei Teile zerlegt,

$$PT \begin{cases} R_I ------- R_I' ------- R_I'' ------- R_I^{m'} \\[2ex] R_{II} ----- R_{II}' ----- R_{II}'' ----- R_{II}^{n'} \end{cases} \tag{8}$$

wobei die $R_I^{m'}$ und die $R_{II}^{n'}$ die Referenztypen der zu einer $PT$ gehörigen subsumtiven Gesetze sind. Wie früher erwähnt, bilden die Referenzordnungen vom Typ $R_I$ an irgendeiner
Stelle die Verifikations- und Interpretationsgrundlagen für eine $PT$ und in Verbindung
mit $R_{II}$ die Grundlage für eine Bedeutungskonstitution für in $PT$ auftretende theoretische
Entitäten. Während die Strukturen von Typ $R_I$ eines Gesetzes, das ein Spezialfall einer
übergeordneten Theorie oder eines Gesetzes ist, z. T. unabhängig und außerhalb einer $PT$
liegen, sind die Strukturen $R_{II}$ $(PT_n)$ mit jenen der $R_{II}$ $(PT_{n+1})$ in einen interessanten
Zusammenhang zu bringen. D. h., der materiale Gehalt einer $PT$ wird durch $R_{II}$-Typen
und den jeweiligen theoretischen Status des $R_{II}$-Objektes gebildet. So wird man in der
Vermutung bestärkt, daß einer intensionalen Änderung der $\varphi$, $\psi$, $\in PT$ eine relational-
strukturelle $R_I$-Modifikation entsprechen wird können. $R_{II}$ $(PT_n)$ kann für den $R_{II}$
$(PT_{n+1})$-Aufbau kaum etwas beitragen.

Beim Übergang von einem theoretischen System $PT_n$ auf eines der Art $PT_{n+1}$
über die entsprechenden Objektbereiche $B_n$ und $B_{n+1}$ werden sich insbesondere die Referenztypen der besprochenen Art $R_{II}$ $(PT_n)$ und $R_{II}$ $(PT_{n+1})$ überlagern. Bezeichnen wir

mit dem gebrochenen Pfeil die Gesamtheit der Prinzipien, die den Übergang leiten, so kann festgehalten werden, daß gilt:

$$PT_n \dashrightarrow PT_{n+1}, \text{ mit: } (B_n < B_{n+1}) \tag{9a}$$

und als Folge davon

$$(B_n < B_{n+1}) \supset (R_{II,n} \neq R_{II,n+1}). \tag{9b}$$

Wie kann nun aber der in (9b) ausgedrückte Unterschied der Referenzordnungen näher gekennzeichnet werden? Nehmen wir an, $PT_n$ sei aus $PT_{n+1}$ deduzierbar $(PT_{n+1} \supset PT_n)$: dann wird ja in der Theorie der wissenschaftlichen Erklärung das Implikans als Explikans und das Implikandum als Explikandum fungieren. Mathematische Strukturen und die in sie aufgenommenen mit materialem Gehalt behafteten Elemente bilden das theoretische System, insbesonders das einer physikalischen Theorie und es gilt:

$$R_{I,n} \cdot R_{II,n} \sim PT_n \tag{10a}$$

$$R_{I,n+1} \cdot R_{II,n+1} \sim PT_{n+1}; \tag{10b}$$

Da die Referenztypen bzw. Referenzordnungen hinsichtlich ihrer Deduzierbarkeit, Reduzierbarkeit und Definierbarkeit an die mathematischen Strukturen gebunden sind („Ableitbarkeit wird für syntaktische Gebilde definiert"), so gilt weiters:

$$PT_{n+1} \supset PT_n \tag{11a}$$

nicht jedoch

$$R_{II,n+1} \supset R_{II,n} \tag{11b}$$

ohne (11a) zu berücksichtigen: (11b) ist ein Ergebnis einer nachfolgenden Interpretation. Wegen (11a), (10a) und (10b) sowie wegen der Erfordernisse für die Theorie der wissenschaftlichen Erklärung wird als heuristischer Ansatz gelten können:

$$R_{II,n} \cap R_{II,n+1} \neq 0. \tag{12}$$

Physikalische Begriffs- und Theorienbildung sowie wissenschaftliche Erklärung haben in (12) eine gemeinsame Voraussetzung, d. h. gemeinsamen Anteil im Aufbau von Referenzstrukturen $R_{II,n}, R_{II,n+1}, R_{II,n+2}, \ldots$ usw. ... Offensichtlich läuft einer komplexeren und adäquateren Deskription eine Zunahme des theoretischen Status von $R_{II}$-Objekten parallel. Die für die $R_{II,n+1}$ Gewinnung nötigen theoretischen Begriffe $\varphi, \psi \ldots$, die eine Zunahme an Theoretizität der Designation der $R_{II,n+1}$ gewähren müssen, müssen nach (12) einen gemeinsamen Teil der Referenzüberlagerung ergeben, den wir den semantisch homogenen Teil nennen könnten. Den darüber hinausgehenden Anteil könnte man gemäß dem früher Erwähnten den prädikativ-homogenen Anteil nennen: dies ist nunmehr genauer jener, in dem die $\alpha, \beta \ldots$ eventuell als Verifikationsbasis vorkommen und mit den $\varphi, \psi$, die nicht in der Verifikationsbasis vorkommen können, verbunden sind. So wird Erklären im begrifflich diskontinuierlichen Spannungsfeld zwischen dem semantisch-homogenen und dem prädikativ-homogenen Anteil der Referenzüberlagerung zur Geltung kommen.

Da weder für die $B_n$ noch für die $B_{n+1}$ verlangt werden soll, daß es sich dabei um Elemente handelt, die ohne mathematische Theorien gewonnen wurden, also nicht notwendig mit etwas der direkten Beobachtung Zugänglichem zu tun haben — so wird nunmehr die Verschränkung der vier Hauptkomponenten physikalischen Räsonierens ($PR$) etwas klarer gemacht werden können. Die Leistung der [H—K] und der [H—I] liegt darin, zu ($R_{I, n}$, $R_{II, n}$) eine zusätzliche Satzklasse $S_i$ derart zu finden, die die $R_{II, n+1}$-Gewinnung ermöglicht. [H—K] betrifft die strukturelle Ordnung, innerhalb der die $\alpha, \beta \ldots$ auftreten werden und [H—I] die Klasse der Regeln, die die Verbindung der $\alpha, \beta \ldots$ mit der Satzklasse $S_i$ herstellen und der Referenzgewinnung dienen. Die Leistung der [H—D] und [D] liegt darin, das aufgebaute $R_{II, n+1}$-Objekt gemäß (12) behandeln zu können. Im physikalischen Räsonieren ($PR$) sind damit sozusagen alle vier Hauptkomponenten „gleichzeitig" für die Begriffs- und Theorienbildung relevant. Dies können wir kurz wie folgt zusammenfassen:

$$PR = f(\mathrm{D}) \cdot f(\mathrm{H{-}D}) \cdot f(\mathrm{H{-}I}) \cdot f(\mathrm{H{-}K}), \tag{13}$$

wobei die konjunktive Verknüpfung für den jeweiligen erkenntnismäßigen Zusammenhang der Komponenten gesetzt wurde.

Da wie früher erwähnt, die mittels der $PT_i$ durchgeführten Phänomenbeschreibungen die mathematischen Theorien einschließen und außerdem nicht nur über beobachtbare Entitäten Aussagen gemacht werden müssen, und wenn schon beobachtbare Phänomenbeschreibungen gefordert werden, diese doch nicht sinnvoll ohne die mathematischen Theorien als existent vorausgesetzt werden können, so werden sich die über $B_i$ gegebenen Beschreibungen und die $MT$-Beschreibung asymptotisch nähern. Oder anders ausgedrückt: die phänomenale Beschreibung ist der materiale Gehalt der mathematisch gefaßten Theorie.

Natürlich ist die Satzklasse $S_i$ fiktiv, solange nicht gezeigt werden kann, in welcher Weise und durch welche Beschränkungen auf der Basis der ($R_{I, n}$, $R_{II, n}$), Wahl, Einführung oder Gewinnung der ($R_{I, n+1}$, $R_{II, n+1}$) nicht mehr vollständig beliebig sein kann.

Obwohl die klassische und quantenmechanische Darstellung der Phänomenordnung erhebliche Unterschiede aufweisen, (Aufhebung des Kontinuitätsprinzips: der Zustand eines Objektes korreliert mit der Klasse der jeweiligen Momentwerte einer physikalischen Größe, so daß die Kontinuität der physikalischen Größe als Funktion der Zeit erscheint), so liegt beiden Beschreibungsweisen trotz der begrifflich unterschiedlichen Kategorien die verborgene oder besser implizite Referenzkonstitution zugrunde. Da für den $R_{II}$-Aufbau die fiktive Satzklasse $S_i$ herangezogen werden mußte und andererseits die $R_{II, n+1}$ „informationsreicher" sein sollte als $R_{II, n}$ muß vorläufig an der allgemeinen begrifflichen Diskontinuität als heuristischem Ansatz festgehalten werden, die wesentlich von begrifflichen Kategorien als unabhängig betrachtet werden kann. Diesen Aspekt können wir durch folgende Formulierung zusammenfassen: trotz auftretender intensionaler und extensionaler Differenzen beim Übergang von $PT_n$ ($R_{I, n}$, $R_{II, n}$) zu $PT_{n+1}$ ($R_{I, n+1}$, $R_{II, n+1}$) — wobei die intensionalen und extensionalen Differenzen der Theorien in den intensionalen und extensionalen Differenzen der in $PT_n$ und $PT_{n+1}$ vorkommenden relevanten deskriptiven theoretischen Termini zu suchen sind — bleibt die Diskontinuität wegen der Komplexität und Irreduzibilität des $R_{II, n+1}$ für beliebige Übergänge von Theorien zu anderen Theorien in Geltung.

Ein $R_{\mathrm{II},\,n+1}$ — Aufbau bringt also einen intensionalen Aspekt der Idealisierung in Geltung, dessen Charakteristikum in dem zu sehen ist, was "surplus meaning" genannt wird und dessen Extension über die Reduktion der $R_{\mathrm{I},n}$-Ordnung gewonnen werden wird. Damit ist auch verständlich, daß eine $R_{\mathrm{II},\,n}$ als Basis einer $R_{\mathrm{II},\,n+1}$-Ordnung keine zwingende Interpretationsbasis bildet und in Verbindung mit dem diskontinuierlichen Zusammenhang der Referenzordnungen sich das herausbildet, was man „semantisch realistische" Strukturen nennen kann[10]). Die Referenz ist primär linguistisch aufzubauen, das Referenzobjekt ist fiktiv und bleibt es auch. Denn für das aufgebaute Referenzobjekt zu $R_{\mathrm{II},\,n+1}$ können und sollen auch nicht die Wahrheitsbedingungen analog dem Falle von direkt beobachtbaren Eigenschaften und Dingen angegeben oder gefordert werden. Denn bei unserem Wissen von den $R_{\mathrm{II},\,n+1}$-Relationen und Objekten handelt es sich um mathematisch-physikalische Symbole, deren Designata in der überwältigenden Mehrheit der physikalischen Begriffe außerhalb des direkt Beobachtbaren im engeren Sinne und außerhalb der menschlichen Erfahrung in einem weiteren Sinne liegen. Und eine minimale Theoretizität der Designata ist eine Voraussetzung dafür, daß die mathematische Transformation hin zum Observablen und der epistemische und evidentielle Vorrang des Observablen in Wissenschafts-, Erklärungs- und Konfirmationstheorie (Induktive Logik) eine entsprechende Stellung erhalten kann. Denn Erklärungs- als auch Konfirmationstheorie gehen mehr oder weniger streng davon aus, daß empirische Gesetze in irgendeiner Weise die Basis für Interpretation, Verifikation und Bestätigung bilden.

Es wird angenommen, daß die Kategorien „theoretisch", „empirisch", und „beobachtbar" für die Theorie der wissenschaftlichen Erklärung als auch für die Konfirmationstheorie als methodische Ordnungsbegriffe fungieren können, etwa in dem Sinne, daß Mikrobegriffe die Makrobegriffe erklären und die Makrobegriffe als Interpretations-Verifikations-Basis usw. dienen können. Die Begründung wird damit gegeben, daß Mikrobegriffe nicht durch Makrobegriffe expliziert oder gar definiert werden können, also ein $R_{\mathrm{II},\,n+1}$ niemals in ein $R_{\mathrm{II},\,n}$ übergeführt werden kann. Aber das kategoriale Begriffspaar „theoretisch-empirisch" (für das Betreiben von Physik sicherlich notwendig) ist als eine konstitutive und epistemologische wie methodologische Basis zum Aufbau physikalischen Wissens gefährlich, als es u. a. fälschlicherweise eine eindimensionale Skala mit den Termini „theoretisch-empirisch" als Extrema suggerieren könnte. So verfügen wir u. a. über keinerlei Meßvorschriften zur Erfassung des Charakters dieser Termini. Und damit ist auch auf weite Sicht hinaus eine quantitative Skala auf dieser Basis ausgeschlossen. Andererseits muß es begriffliche Kategorien geben, die Selektivität erlauben, wenn entsprechende Daten vorliegen. Deshalb scheint es auch nicht so von Wichtigkeit zu sein, darauf hinzuweisen, daß ein sinnvoller Satz oder eine sinnvolle Theorie mit der Beobachtung konfrontiert werden müsse, sondern viel wichtiger wird es sein, herauszuarbeiten, welche Elemente als relevante Beobachtungselemente Geltung haben können und wie deren Zusammenhang in eine Systematik der Beobachtungsaussagen gebracht werden könnte. Vielleicht wird eine entwickeltere Pragmatik der Wissenschaftstheorie diese Aufgabe leisten können.

---

10) Vgl. z. B. *W. Sellars*, "Physical Realism", in: Philosophy and Phenomenology, Research, 1, 1954.

Erklärung ist Teil des Referenzaufbaues mit der Angabe einer strukturellen Ordnung, in der die $\varphi$, $\psi$ ... mit den $\alpha$, $\beta$ ... in Beziehung gebracht werden, und zweitens Teil jener Beschränkungen, die eine Grenze der Beliebigkeit des Referenzaufbaues festlegen. Semantisch realistische Strukturen bilden so die Grundlage der faktischen Transzendenz und damit auch z. T. der Erklärung. Auf Grund des früher Gesagten kann noch eine Differenzierung vorgenommen werden: die $R_{II, n+1}$-Konstitution kann als Charakteristikum physikalischer Begriffsbildung als eine $PT$-interne Eigenschaft der Erklärung angesehen werden und die $R_{I, n+1}$-Bildung unter Berücksichtigung der Koexistenz von Erklärung und Voraussage eine mehr $PT$-externe Eigenschaft der wissenschaftlichen Erklärung. Historische Fallstudien werden zu zeigen haben, für welche Begriffstypen und Systemstrukturen die Referenzkonstitution auf gewissen Satzklassen $S_i$ beruht, womit Erklärung und Referenzkonstitution in ihrer theoriebildenden Funktion offengelegt sind. Auf diesem Wege kann sich dann die Vermutung langsam verstärken, daß die schöpferische Intuition eine logische Struktur hat.

## Bibliographie


[1]  *E. Mach*, Die Mechanik in ihrer Entwicklung, 3. Aufl. 1887.

[2]  *E. Cassirer*, Substanzbegriff und Funktionsbegriff. Untersuchungen über die Grundfragen der Erkenntniskritik. Berlin 1910. Zur Einsteinschen Relativitätstheorie. Erkenntnistheoretische Betrachtungen. Berlin 1921. Zur modernen Physik. Darmstadt und Oxford 1957.

[3]  *B. Russell*, Problems of Philosophy, 20. Aufl. 1948. Mysticism and Logic and other Essays, 9. Aufl., London 1950.

[4]  *R. Carnap*, Der logische Aufbau der Welt, Berlin 1928. "Testability and Meaning", in: Philosophy of Science, Bd. 3 (1936) und Bd. 4 (1937). "The Methodological Character of Theoretical Concepts", in: Minnesota Studies in the Philosophy of Science, I, 1956. „Beobachtungssprache und theoretische Sprache", in: Dialectica, 1958. Philosophical Foundations of Physics, 1967 Meaning and Necessity, Chicago 1947.

[5]  *H. Reichenbach*, Philosophie der Raum-Zeit-Lehre, 1928. Experience and Prediction, 1938. Philosophische Grundlagen der Quantenmechanik, Basel 1949.

[6]  *P. W. Bridgeman*, The Logic of Modern Physics, New York 1927. The Nature of Physical Theory, New York 1936.

[7]  *R. B. Braithwaite*, Scientific Explanation, Cambridge 1953.

[8]  *C. G. Hempel*, Fundamentals of Concept Formation in Empirical Sciences, Chicago 1952.

[9]  *C. G. Hempel*, "The Theoretican's Dilemma: A Study in the Logic of Theory Construction", in: *Feigl, H.*, *M. Scriven*, and *G. Maxwell*, 1958 Aspects of Scientific Explanation, New York — London 1965.

[10]  *T. S. Kuhn*, Die Struktur wissenschaftlicher Revolutionen, Frankfurt/M. 1967.

[11]  *A. Grünbaum*, Philosophical Problems of Space and Time, New York 1963.

[12]  *M. Bunge*, Foundations of Physics, Berlin — Heidelberg — New York 1967. Scientific Research I. The Search for System, Berlin — Heidelberg — New York 1967. Scientific Research II. The Search for Truth, Berlin — Heidelberg — New York 1967.

[13]  *H. Feigl*, "Existential Hypotheses", in: Philosophy of Science, 1950. "From Logical Positivism to Hypercritical Realism. Vortrag XIII. Intern.Phil.Kongr. Mexico City 1963.

# Sind die physikalischen Gesetze auf unser Universum beschränkt?

Paul Weingartner, Universität Salzburg

## 1.  Gesetze der Logik

Die *Gesetze der Logik* sind, nach Leibniz, *in allen möglichen Welten gültig.* Dabei ist das Wort „möglich" hier sicher in einem sehr weiten Sinne zu interpretieren; eine plausible Interpretation ist die, daß seine Bedeutung nur durch Widersprüchliches (durch Kontradiktionen) eingeschränkt ist, so daß also „unmöglich" *widerspruchsvoll* und „möglich" *widerspruchsfrei* bedeuten würde[1]).

Auf Grund dieser Bemerkungen über „möglich" kann eine „mögliche Welt" als ein Universum aufgefaßt werden, das durch irgendeine (in sich) widerspruchsfreie Abänderung (unseres Universums) aus unserem Universum entsteht. In diesem Sinne kann man das Prinzip von Leibniz auch so ausdrücken: *Die Gesetze der Logik sind invariant gegenüber Transformationen in der Menge aller möglichen Welten.*

Die Leibniz'sche Idee der möglichen Welten wurde in den semantischen Modellen der modalen Logik zu präzisieren versucht. So verwendete man diese Idee, um für verschiedene modale Logikkalküle ein semantisches Modell zu konstruieren. Zwei Beispiele für solche Modelle (eines für die modale Aussagenlogik und eines für die modale Prädikatenlogik) sollen im folgenden kurz dargestellt werden. Da es sich bei diesen Beispielen um ganz bestimmte Modelle ganz bestimmter Logikkalküle handelt (es handelt sich um die klassische zweiwertige Aussagenlogik und um die Standard-Prädikatenlogik erster Ordnung), ist der dadurch präzisierte Begriff der *möglichen Welt* natürlich nicht so weit und tolerant wie er oben als wünschenswert hingestellt wurde; trotzdem vermögen die Beispiele zu zeigen, auf welche Art die Präzisierung dieses Begriffs zustandekommt bzw. wie die möglichen Welten beschrieben werden.

### 1.1.  *Semantische Interpretation der modalen Aussagenlogik*

Beispiel: Carnaps state-descriptions $(SD)$[2]).

$SD$ — eine Klasse von Sätzen, die für jeden Atomsatz entweder ihn selbst oder seine Negation enthält.

Eine $SD$ gibt eine vollständige Beschreibung eines Universums. Wenn alle Sätze von $SD$ wahr sind, dann ist $SD$ ein vollständiges deduktives System. Ist also, z. B. $SD_1$ die Klasse aller wahren Atomsätze über unser Universum, d.h. die Klasse aller (wahren) atomaren Fakten, dann wird durch das deduktive vollständige System $SD_1$ eine der möglichen Welten (die faktische) eindeutig beschrieben.

$$SD_1 \dots s_1 \quad s_2\, s_3 \dots s_i \dots s_n \qquad \text{wirkliche Welt (1. mögliche Welt)}$$
$$SD_2 \dots \sim s_1\, s_2\, s_3 \dots s_i \dots s_n \qquad \text{2. mögliche Welt}$$
$$SD_3 \dots s_1 \sim s_2\, s_3 \dots s_i \dots s_n \qquad \text{3. mögliche Welt}$$
$$\vdots$$
$$SD_i$$
$$\vdots$$
$$SD_2 n \dots \sim s_1 \sim s_2 \sim s_3 \dots \sim s_i \dots \sim s_n \qquad 2^n\text{te mögliche Welt}$$

In diesem semantischen Modell muß allerdings angenommen werden, daß die Atomsätze $s_1 \dots s_n$ voneinander logisch unabhängig sind. Diese Annahme setzt voraus, daß die in den Atomsätzen vorkommenden Prädikate Primitivbegriffe sind (vgl. die Primitivbegriffe: Länge, Zeit, Masse in der Physik). Die Annahme der voneinander logisch unabhängigen Atomsätze ist aber gekünstelt und stellt eine von der Realität abweichende Vereinfachung dar.

### 1.2. *Semantische Interpretation der modalen Prädikatenlogik (1. Ordnung)*

Beispiel: Hintikkas *model sets.*

Ein Modellsystem $\Omega$ ist eine Klasse von Modellklassen (model-sets) $\mu, \nu \dots$, die zueinander in der Alternativ-Relation (alternativeness) stehen.

Es handelt sich um eine zweistellige reflexive Relation, die der Relation R von Kripke (d.h. einer Abbildungsfunktion von den möglichen Welten auf die wirkliche Welt) analog ist.

Eine Modellklasse ist eine Klasse $\mu$ von Formeln (Sätzen), die den folgenden Bedingungen genügt:

($C.\sim$)   Wenn $\mu$ eine Atomformel oder eine Identität enthält, dann enthält $\mu$ nicht die Negation der Atomformel oder der Identität.

($C.\wedge$)   Wenn $(F \wedge G) \in \mu$, dann $F \in \mu$ und $G \in \mu$.

($C.\vee$)   Wenn $(F \vee G) \in \mu$, dann $F \in \mu$ oder $G \in \mu$.

($C.$E)   Wenn $(Ex)\, F \in \mu$, dann $F(a/x) \in \mu$ für mindestens ein freies Individuenzeichen a. ($F(a/x)$ ist das Ergebnis der Ersetzung von $x$ an allen Stellen in $F$ durch $a$).

($C.$U)   Wenn $(Ux)\, F \in \mu$ und b ein freies Individuenzeichen ist, das mindestens in einer Formel von $\mu$ vorkommt, dann $F(b/x) \in \mu$.

($C.=$)   Wenn $F \in \mu$ und $(a = b) \in \mu$ und wenn $G$ aus $F$ entsteht durch Ersetzung von $a$ durch $b$ (an einigen oder allen Stellen) — und $F$ und $G$ Atomformeln oder Identitätsformeln sind — dann $G \in \mu$.

($C.$self $\neq$) $\mu$ enthält keine Formel der Form $\sim (a = a)$.

($C.\Box$)   Wenn $\Box F \in \mu, \mu \in \Omega$, dann $F \in \mu$.

($C.\Diamond$)   Wenn $\Diamond F \in \mu, \mu \in \Omega$, dann gibt es in $\Omega$ mindestens eine Alternative $\nu$ zu $\mu$, so daß $F \in \nu$.

($C.\Box^+$)   Wenn $\Box F \in \mu, \mu \in \Omega$, und $\nu$ eine Alternative zu $\mu$ in $\Omega$ ist, dann $F \in \nu$.

Eine Formel ist *erfüllbar* genau dann, wenn sie Element mindestens einer Modellklasse ist. Sie ist gültig genau dann, wenn ihre Negation nicht Element irgendeiner Modellklasse in irgendeinem Modellsystem ist.

Das Modalsystem, das durch diese Semantik repräsentiert wird, ist ein System der Prädikatenlogik erster Ordnung mit kontingenter Identität und mit dem Modalsystem $T$ von Feys (ohne Barcan-Formel).

Die möglichen Welten sind wie in der Semantik von Kripke[4] ineinandergeschachtelte Systeme von nicht notwendig gleicher Größe:
die verschiedenen Welten haben weder einen gleichen Individuenbereich noch haben die Individuen dieselben Eigenschaften.

1.21.     Nimmt man an, daß die Alternativ-Relation zusätzlich transitiv oder transitiv und symmetrisch ist, bekommt man semantische Modelle für strengere Systeme. Nimmt man die Barcan Formel als weiteres Axiom hinzu, bekommt man ein anderes Bild von möglichen Welten. Sie sind alle gleich groß, fallen aber nicht notwendig zusammen (wenn sie zusammenfallen, gehen die möglichen Welten in die eine der klassischen nichtmodalen Prädikatenlogik über).

Barcan Formel:

$$(Ux) \, \Box \, F \Rightarrow \Box \, (Ux) \, F$$

Da es auf die Art der Individuen nicht ankommt, heißt das, daß jede mögliche Welt den gleichen Individuenbereich hat. Die Eigenschaften der Individuen sind jedoch in verschiedenen Welten verschieden.

Die Barcan Formel wird geleugnet, wenn man annimmt, daß es neben der wirklichen Welt solche mögliche Welten gibt, in denen Individuen existieren, die in der faktischen Welt nicht existieren.

1.22.     Um die logische Wahrheit oder Gültigkeit bzw. den Geltungsbereich der logischen Gesetze zu charakterisieren, sollte man aber nicht die Semantik eines sehr voraussetzungsreichen Modalsystems verwenden, sondern im Gegenteil die eines sehr toleranten. Deshalb sind die model-sets von Hintikka, die weder die Barcan Formel noch sonst starke modallogische Annahmen machen, hier besser geeignet. Das trifft auch auf die Semantik von Kripke zu, die ebenfalls die Barcan Formel nicht voraussetzt. Trotzdem sind auch diese Semantiken noch viel zu wenig tolerant, um die Menge der logisch möglichen Welten im weitesten Sinne (etwa die, in denen Logiksystem-invariante logische Gesetze gelten) zu charakterisieren.

*1.3.     Sind alle logischen Gesetze Logiksystem-invariant?*

Auf Grund des heutigen Wissens über intuitionistische und mehrwertige Logiken ist klar, daß es auch Semantiken dieser Systeme geben muß. Wendet man auch hier die generelle Idee der möglichen Welten an, dann gibt es offenbar noch viel umfassendere Bereiche von möglichen Welten, die dem zu Beginn des Artikels erwähnten weiten Begriff

der *möglichen Welt* näherkommen: Während nämlich z. B. das tertium non datur und das
Äquivalenzgesetz der doppelten Negation in allen möglichen Welten der Kripke Semantik
oder der model sets von Hintikka gelten, aber in gewissen Modellen von intuitionistischen
und mehrwertigen Kalkülen nicht gelten, gibt es andere logische Gesetze, wie z. B. den
Satz vom ausgeschlossenen Widerspruch, der — wie oben gesagt, wenigstens in bestimmten
toleranten Formulierungen — in allen bisher bekannten intuitionistischen und mehrwertigen
Kalkülen gilt; d. h. auch in allen jenen möglichen Welten, die Modelle überhaupt aller bisher bekannten Logiksysteme sind. Dasselbe dürfte für das allgemeine Folgerungsprinzip
gelten, nach dem aus wahren Prämissen niemals falsche Konklusionen ableitbar sind
(cf. 2.11).

## 2.        Gesetze der Mathematik

*2.1.        Der Grad der Allgemeingültigkeit der Gesetze der Mathematik*

Es scheint so zu sein, daß die Gesetze der Mathematik nicht so allgemeingültig
sind wie die Gesetze der Logik. Die eben gegebene Behauptung ist aber ungenau. Der genaue Sinn dieser Behauptung wird durch folgende beide Thesen wiedergegeben:

$L$  Es gibt einige (mindestens ein) Gesetze der Logik, die allgemeiner als alle Gesetze der
   Mathematik sind.

$M$  Es gibt einige (mindestens ein) Gesetze der Mathematik, die weniger allgemein als alle
   Gesetze der Logik sind.

Hingegen wäre der Satz „Alle Gesetze der Mathematik sind weniger allgemein
als alle Gesetze der Logik" höchstwahrscheinlich falsch. Die Thesen $L$ und $M$ kann man
auch mit Hilfe des Begriffs der möglichen Welten ausdrücken.

$L'$:   Es gibt einige Gesetze der Logik, die in einer größeren Menge der möglichen Welten
   gelten als alle mathematischen Gesetze.

$M'$:   Es gibt einige Gesetze der Mathematik, die nur in einer echten Teilmenge jener
   möglichen Welten gelten, in denen alle Gesetze der Logik gelten.

2.11.        Um die beiden (absoluten) Existenzsätze $L$ und $M$ (bzw. $L'$ und $M'$) besser zu
begründen, kann man folgende Beispiele anführen:

Beispiele für $L$: Das allgemeine *Folgerungsprinzip*: „Jede Deduktion (jeder Schluß, jede
Schlußregel) ist so beschaffen (muß notwendig so beschaffen sein, soll so beschaffen sein),
daß sie niemals von wahren Prämissen zu falschen Konklusionen führt".

Das allgemeine *Konsistenzprinzip* für Systeme: „In jedem System gibt es (muß
es notwendig geben, soll es geben) mindestens einen (dort zugelassenen) nicht-herleitbaren
oder nicht-gültigen Satz."

Das Prinzip vom *ausgeschlossenen Widerspruch*: „Von zwei Sätzen, von denen
einer die Negation des anderen ist, können nicht beide wahr sein (designierte Werte besitzen)."

Diese Prinzipien sind notwendige Voraussetzungen für jedes mathematische
Gesetz. Wenn sie nicht gelten, hat es keinen Sinn, beispielsweise von der Gültigkeit von
$2 + 2 = 4$ zu sprechen, weil dann auch $2 + 2 = 5$ bzw. $2 + 2 \neq 4$ ebenso gültig ist. Weil

aber umgekehrt diese Prinzipien keine mathematischen Gesetze voraussetzen, kann man sie mit Recht als allgemeiner als alle mathematischen Gesetze auffassen.

Beispiele für $M$: Das *Auswahlaxiom*: Es ist bekannt, daß eine Reihe von mathematischen Gesetzen nur beweisbar ist, wenn das Auswahlaxiom vorausgesetzt wird, so z. B. der Fundamentalsatz der Algebra von Gauss oder die Äquivalenz der beiden klassischen Stetigkeitsdefinitionen. D. h. das Auswahlaxiom (und die damit gewonnenen mathematischen Gesetze) sind nur in einer echten Teilmenge jener möglichen Welten gültig, in denen Gesetze der Mathematik, die das Auswahlaxiom zur Begründung nicht benötigen — wie etwa die Axiome Peanos für die natürlichen Zahlen — gelten.

2.12.     Es muß noch folgendes beachtet werden: Ein mathematischer Satz $S_1$ kann allgemeingültiger in dem hier besprochenen Sinne sein als ein anderer $S_2$ (d. h. in dem Sinne, daß er in einer größeren Menge von möglichen Welten gilt), obwohl $S_1$ Termini enthält, die einen niedrigeren Abstraktheitsgrad haben als jene Termini, die $S_2$ enthält. Beispielsweise ist $2 + 5 = 7$ allgemeingültiger (in dem hier besprochenen Sinne) als das Auswahlaxiom, obwohl die Termini „2", „5", „7" einen weit niedrigeren Abstraktheitsgrad besitzen (sie beziehen sich auf „individuelle" mathematische Entitäten, die der Einzigkeitsbedingung genügen) als die Mengenvariablen oder Mengen- und Klassenvariablen im Auswahlaxiom (diese beziehen sich auf irgendwelche Mengen und Klassen).

*2.2.     Ein Kriterium für die Abgrenzung zwischen Mathematik und Logik*[4a])

*2.21.     Triviale Abgrenzung*

Eine triviale Abgrenzung liegt dann vor, wenn von vornherein implizit vorausgesetzt wird, daß sich beispielsweise die Variablen eines Systems von Formeln (Axiomen) auf Zahlen (z. B. natürliche Zahlen) oder auf Propositionen beziehen. Im ersten Fall handelt es sich um mathematische, im zweiten Fall um logische Sätze. Eine triviale Abgrenzung liegt auch vor, wenn beispielsweise die einzigen vorkommenden Zeichen neben den quantifizierbaren Variablen (und neben logischen Zeichen) die Zeichen $<$ (kleiner) und $>$ (größer) sind, die nur als Relationen zwischen Zahlen oder Quantitäten sinnvoll sind. Allgemeiner gesagt: Wenn das *universe of discourse* (der Gegenstandsbereich) mehr oder weniger ausdrücklich dadurch bestimmt wird, daß gesagt wird, es enthalte Zahlen oder Propositionen, dann ist die Abrenzung dadurch trivialerweise gegeben.

Die Abrenzungsfrage zwischen Logik und Mathematik wird aber ein schwierig zu entscheidendes Problem, sobald die Variablen der Sätze des Systems sich ganz allgemein auf Individuen (Entitäten der niedersten Typenstufe relativ zum System), Eigenschaften, Klassen, Mengen usw. beziehen; d. h. wenn die betreffenden *universes of discourse* (Gegenstandsbereiche) Individuen, Eigenschaften, Klassen und Mengen enthalten. Um solche Fälle auch einzuschließen, werden folgende vier Möglichkeiten für Abgrenzungen vorgeschlagen. Die erste trifft am besten die gegenwärtig meist verbreitete Auffassung, welcher Standard-Systeme der Logik zugrundeliegen. Die anderen Abgrenzungen berücksichtigen auch Nonstandard Systeme.

Es muß noch vorausgeschickt werden, daß die folgenden Abgrenzungskriterien nur eine Abgrenzung der *gültigen* Sätze der Logik von den *gültigen* Sätzen der Mathematik ergeben. Obwohl das zunächst eine ungerechtfertigte Einschränkung erscheint, läßt sie sich doch unschwer begründen: In allen Fällen, wo überhaupt die Frage auftaucht, ob ein bestimmter Satz eher zur Logik oder eher zur Mathematik gehört, handelt es sich um gültige Sätze (oder zumindest um Sätze, in bezug auf deren Gültigkeit weitgehend Übereinstimmung herrscht), nie aber (oder in den wenigsten Fällen) um solche Sätze, die bereits als ungültig erkannt wurden.

### 2.22.     *Erste Abgrenzung*

Ein Satz ist ein Axiom, ein Theorem oder eine (gültige) Regel der Logik dann und nur dann, wenn entweder $L1$ erfüllt ist oder alle drei: $L2$, $L3$ und $L4$ erfüllt sind.

$L1$    Der Satz ist ein Axiom, ein Theorem oder eine (gültige) Regel eines der Aussagenkalküle (beispielsweise des zweiwertigen, eines der mehrwertigen, des intuitionistischen).

$L2$    Alle im Satz enthaltenen nicht-gebundenen Zeichen (Variablen) können universell quantifiziert werden salva veritate ausgenommen die in $L2.1$, $L2.2$ und $L2.3$ aufgezählten:

$L2.1$  Die aussagenlogischen Zeichen (Konstanten) „$\wedge$", „$\vee$", „$\sim$", „$\rightarrow$", „$\leftrightarrow$".

$L2.2$  Das Zeichen (die Konstante) für die allgemeine Prädikatbeziehung „$\epsilon$".

$L2.3$  Alle weiteren logischen Zeichen, die mit Hilfe der in $L2.1$ und $L2.2$ erwähnten Zeichen definiert werden können, wie: „$=$", „$\subseteq$", „$\subset$", „$\cap$", „$\cup$" usw.

$L3$    Das universe of discourse (der Bereich, auf den sich die Variablen beziehen), enthält mindestens ein Ding (d. h. ist nicht leer).

$L4$    Vorausgesetzt, die Sätze befinden sich in prenexer Normalform (alle Quantoren am Beginn der Formel): Dann sind alle im Satz enthaltenen Prädikatvariablen und alle Mengen- oder Klassenvariablen rechts von „$\epsilon$" (welche nicht gestaltgleich sind mit jenen links von „$\epsilon$") universell quantifiziert, oder salva veritate universell quantifizierbar.

Ein Satz ist ein Axiom oder ein Theorem der Mathematik genau dann, wenn entweder $M1$ oder $M2$ oder $M3$ oder $M4$ erfüllt ist.

$M1$    Außer den in $L2.1$, $L2.2$ und $L2.3$ genannten Zeichen gibt es im betreffenden Satz mindestens ein anderes nicht gebundenes Zeichen (Variable), das nicht universell quantifiziert werden kann, wie z. B.: „$+$", „$<$", „$>$", „O", „Nachfolger" usw.

$M2$    Die Werte mindestens einer Variablen des betreffenden Satzes unterliegen außer der unter $L3$ genannten Bedingung mindestens einer weiteren bezüglich der Kardinalzahl.

$M3$    Vorausgesetzt, die Sätze (Formeln) befinden sich in prenexer Normalform: Dann ist mindestens ein Prädikatzeichen bzw. mindestens ein Mengen- oder Klassenzeichen, das rechts von „$\epsilon$" steht (und verschieden ist von dem zugehörigen Zeichen links von „$\epsilon$") existenziell quantifiziert.

*M*4   Der betreffende Satz ist eine solche Folgerung aus mathematischen Sätzen (auf
      Grund von *M*1 oder *M*2 oder *M*3) mit Hilfe von Theoremen und Regeln der Logik
      *L*1 oder *L*2 und *L*3 und *L*4, der nach *L*1 oder *L*2 und *L*3 und *L*4 kein Satz der Logik
      ist.

Nach dieser *ersten Abgrenzung* gehören zur Logik: Neben den Theoremen der
verschiedenen Aussagenkalküle sämtliche Theoreme der Quantifikationstheorie erster und
höherer Ordnung (außer die durch *L*4 ausgeschlossenen); ebenso die Theoreme der Identi-
tätstheorie (sie werden durch *L*4 nicht ausgeschlossen, sofern die existentielle Quantifizie-
rung die Individuenvariablen betrifft) und das Extensionalitätsaxiom. Wegen des Klammer-
zusatzes in *L*4 gehört beispielsweise auch folgender Satz zur Logik:

$$(y)\ (\exists x) \sim [x \in y \leftrightarrow \sim (x \in x)]$$

Nach der ersten Abgrenzung gehören zur Mathematik:
Die Peano-Axiome (nach *M*1 und *M*2), die Axiome der Mengenlehre (mit Ausnahme des
Extensionalitätsaxioms). Die Axiome der Mengenlehre — wenigstens die der Standard-
Systeme von Zermelo-Fraenkel und Gödel-Bernays — kann man in zwei Gruppen einteilen; (1) in solche, die Einsetzungsinstanzen bzw. Folgerungen des Komprehensions-
axioms sind und (2) in solche, die das nicht sind. Zur ersten Gruppe gehören die zum Teil
verschiedenen Versionen des Paarungsaxioms, des Vereinigungsaxioms, des Summenaxioms,
des Potenzmengenaxioms, des Aussonderungsaxioms, der acht Axiome zur Konstruktion
von Klassen (nach Bernays und Gödel) und des Ersetzungsaxioms. Bei allen diesen Axiomen
handelt es sich um eine typische Existenzanerkennung einer Klasse, die in *M*3 beschrieben
wird und die im Komprehensionsaxiom am einfachsten und klarsten zum Ausdruck
Kommt:

$$(\exists y)\ (x)\ [x \in y \leftrightarrow F(x)] \qquad (\text{wobei } „y" \text{ in } „F(x)" \text{ nicht vorkommt})$$

Deshalb gehören alle diese Axiome der ersten Gruppe nach *M*3 zur Mathematik.
Zur zweiten Gruppe gehören die verschiedenen Versionen des Unendlichkeitsaxioms, des
Auswahlaxioms und des Fundierungsaxioms. Auch bei ihnen sind nicht sämtliche Klassen-
und Mengenvariablen universell quantifiziert (d.h. sie verletzen *L*4), und es kommen
Existenzquantifizierungen von Klassen- und Mengenvariablen (rechts von „$\in$") vor, d.h.
sie erfüllen *M*3 und gehören deshalb zur Mathematik. Darüber hinaus gehören die Unendlichkeitsaxiome und das Auswahlaxiom auch nach *M*2 zur Mathematik.

Auf Grund von *M*2 gehört auch beispielsweise die Theorie der Permutationsgruppen zur Mathematik. Ein Beispiel einer Folgerung aus dem mathematischen Satz
$a \neq a'$ (*a* ist nicht identisch mit seinem Nachfolger) ist der Satz $(x)\ (\exists y)\ (x \neq y)$, der sowohl im endlichen als auch im unendlichen Bereich gilt, aber ein universe of discourse von
mindestens zwei Individuen voraussetzt und deshalb nach *M*2 zur Mathematik gehört.


## 2.23.   *Zweite Abgrenzung*

Ein Satz ist ein Axiom, ein Theorem oder eine (gültige) Regel der Logik genau
dann, wenn entweder *L*1 erfüllt ist oder beide: *L*2 und *L*3 erfüllt sind.

Ein Satz ist ein Axiom oder ein Theorem der Mathematik genau dann, wenn entweder $M1$ oder $M2$ oder $M4.1$ erfüllt ist.

$M4.1.$    $M4.1$ ist identisch mit $M4$, ausgenommen: „$M1$ oder $M2$" statt „$M1$ oder $M2$ oder $M3$". „$L1$ oder $L2$ und $L3$" statt „$L1$ oder $L2$ und $L3$ und $L4$".

Nach dieser *zweiten Abgrenzung* gehört alles zur Logik, was durch die erste Abgrenzung zur Logik gehört, jedoch noch zusätzlich beispielsweise: alle Axiome der Mengenlehre mit Ausnahme der Infinitätsaxiome und des Auswahlaxioms, die auf Grund von $M2$ zur Mathematik gehören. Andererseits bleiben etwa die Peano-Axiome, die Theorie der Permutationsgruppen usw. durch $M2$ bei der Mathematik.

Diese zweite Abgrenzung spiegelt angenähert die Auffassung des *Logizismus* wider, wie er etwa von Russell zur Zeit der Abfassung der Principia Mathematica vertreten wurde.


### 2.24.    Dritte Abgrenzung

Ein Satz ist ein Axiom, ein Theorem oder eine (gültige) Regel der Logik genau dann, wenn entweder $L1$ erfüllt ist oder beide: $L2$ und $L4$ erfüllt sind.

Ein Satz ist ein Axiom oder ein Theorem der Mathematik genau dann, wenn entweder $M1$ oder $M2$ oder $M3$ oder $M4.2$ erfüllt ist.

$M4.2.$    $M4.2$ ist identisch mit $M4$ ausgenommen: „$L1$ oder $L2$ und $L4$" statt „$L1$ oder $L2$ und $L3$ und $L4$".

Diese *dritte Abgrenzung* stimmt mit der ersten hinsichtlich der Sätze der Mathematik überein (es gehört die gleiche Menge von Sätzen zur Mathematik wie nach der ersten). In Hinsicht auf die Sätze der Logik gibt es aber einen Unterschied. Während die erste und zweite Abgrenzung nur solche Sätze als Theoreme der Logik zuläßt, die sich (bzw. deren Variablen sich) auf ein universe of discourse beziehen, das mindestens ein Ding enthält (nicht leer ist), ist die dritte Abgrenzung unabhängig von dieser Einschränkung. D. h. die dritte Abgrenzung läßt auch Sätze als Theoreme der Logik und damit Logiksysteme zu, die keine Standardsysteme sind wie z. B.: *Empty Logic, Free Logic, Presuppositionfree Logic*. Mit gewissem Recht wurde ja von den Vertretern solcher Logiksysteme immer wieder darauf hingewiesen, daß die Annahme eines nicht-leeren universe of discourse keine rein logische Annahme ist. Ebenfalls ist die Voraussetzung, daß alle freien Variablen, Individuenzeichen und singulären Terme sich auf Elemente eines nicht-leeren Bereichs beziehen müssen, keine rein logische Annahme. D. h. es gibt mögliche Welten (Universen), in denen das nicht zutrifft und gegenüber denen die Theoreme der Logik invariant sein sollten. Die dritte Abgrenzung entspricht also angenähert der Auffassung einer *existenzfreien Logik* (Empty Logic, Free Logic, Presuppositionfree Logic), wie sie bereits Meinong und Mally angestrebt haben.


### 2.25.    Vierte Abgrenzung

Ein Satz ist ein Axiom, ein Theorem oder eine (gültige) Regel der Logik genau dann, wenn entweder $L1$ oder $L2$ erfüllt ist.

Ein Satz ist ein Axiom oder ein Theorem der Mathematik genau dann, wenn entweder $M1$ oder $M2$ oder $M4.3$ erfüllt ist.

$M4.3$.    $M4.3$ ist identisch mit $M4$ ausgenommen: „$M1$ oder $M2$" statt: „$M1$ oder $M2$ oder $M3$". „$L1$ oder $L2$" statt „$L1$ oder $L2$ und $L3$ und $L4$".

Nach dieser vierten Abgrenzung gehören sowohl die Theoreme der Nonstandardsysteme zur Logik (weil $L3$ entfällt), aber auch alle Axiome der Mengenlehre mit Ausnahme der Unendlichkeitsaxiome und des Auswahlaxioms (weil $L4$ und $M3$ entfällt). Diese Auffassung verbindet einen gewissen Logizismus mit einer Toleranz gegenüber Nonstandard-Systemen bzw. gegenüber der existenzfreien Logik.

2.26.    Die in 2.22–2.25 gegebenen Abgrenzungskriterien ergeben eine weitere Stütze für die in 2.1 vertretenen Thesen $L$ und $M$ bzw. $L'$ und $M'$.

Auf Grund des in 2.1 Gesagten erscheinen dem Verfasser die dritte und vierte Abgrenzung für Logik und Mathematik adäquater als die erste und zweite.

### 3.    Gesetze der Physik

Die Gesetze der Physik sind in einer Unterklasse derjenigen möglichen Welten gültig, in denen die Gesetze der Mathematik gelten. Daß dies eine echte Unterklasse sein muß, wird dadurch ersichtlich, daß nur jeweils ein Teil der möglichen Modelle gewisser mathematischer Sätze auf Grund der physikalischen Gesetze erlaubt ist. Deshalb wird diese Behauptung, nämlich, daß die Gesetze der Physik nur in einer echten Teilmenge derjenigen möglichen Welten gültig sind, in denen die Gesetze der Mathematik gelten, d. h. daß sie eingeschränkter gelten als die Sätze der Mathematik, schwerlich angezweifelt werden[5]. Weit schwieriger ist es jedoch, andererseits zu begründen, daß die Gesetze der Physik nicht auf unser Universum beschränkt sind, d. h. daß sie nicht nur ein einziges Modell (das tatsächliche Universum), sondern mehrere haben.

$T$ Die Gesetze der Physik sind nicht auf unser Universum beschränkt, sondern gehen darüber hinaus.

Diese These wird im folgenden als wahrscheinlicher als ihr Gegenteil begründet.

3.1.    Im Anschluß an diese These stellt sich sofort die Frage: Auf welche Weise gehen die physikalischen Gesetze über unser Universum hinaus?

Eine Antwort auf diese Frage hat im Zusammenhang mit einer Definition von „naturnotwendigem Gesetz" Popper gegeben:

$N$ „Ein Satz heißt dann und nur dann physisch notwendig (oder naturnotwendig), wenn er aus einer Satzfunktion ableitbar ist, die in allen jenen Welten erfüllbar ist, welche sich von unserer Welt, wenn überhaupt, nur durch die Randbedingungen unterscheiden."[6]

Obwohl die Definition $N$ in dieser Formulierung plausibel erscheint, hat sie einige Defekte. Diese Defekte hat Popper später korrigiert[7]; die Definition wird dadurch komplizierter und erfordert mehrere Hilfsdefinitionen. Da die hier zu gebende Begründung von $T$ aber nicht von einer präziseren Fassung der Definition von „naturnotwendigem Gesetz" abhängt, genügt für die hier verfolgten Zwecke die oben gegebene Definition.

*3.2.        Einschränkende Bedingungen*

Für die Begründung von $T$ ist es bedeutsam, verschiedene Arten von einschränkenden Bedingungen zu unterscheiden.

3.21.        Anfangsbedingungen. Beispiele für Anfangsbedingungen (*initial conditions*) sind die Konstellationen von Sternensystemen (Sonnensystemen) zu einem bestimmten Zeitpunkt $t$. Oder die Stellung eines Pendels, einer schwingenden Saite zum Zeitpunkt $t$. Ein großer Teil dieser Anfangsbedingungen kann unter dem Terminus „Daten" zusammengefaßt werden (vorausgesetzt, daß dabei nicht Sinnesdaten, sondern Daten der Basis einer Erfahrungswissenschaft gemeint sind).

3.22.        Randbedingungen. Beispiele für Randbedingungen (*boundary conditions*) sind die Einspannung einer schwingenden Saite an ihren Enden (Schwingungsknoten), i. a. die Bedingungen, die bei der Lösung von Randwertproblemen auftreten wie z. B.: Für die Funktion der Schrödingergleichung gilt die Randbedingung, daß sie im ganzen Raum eindeutig, endlich und stetig sein muß, im Unendlichen aber verschwinden muß. Einen großen Teil dieser Randbedingungen bilden die Bedingungen, die durch die physikalische Interpretation uninterpretierter Variablen und Konstanten (in mathematischen Gleichungen) auftreten.

*3.23.        Logische Abgrenzung der Anfangsbedingungen und Randbedingungen*

Die in 3.21 und 3.22 erwähnten Arten von einschränkenden Bedingungen sind — ihrer logischen Struktur nach — *Singuläraussagen* („singulär" in einem sehr weiten Sinne verstanden). Sie können also durch folgende allgemeine Formen wiedergegeben werden:

„An der Raum-Zeitstelle $k$ passiert das und das"
„Das System $S$ befindet sich zur Zeit $t$ am Ort $O$ im Zustand $A$"
„Zur Zeit $t$ hat das System $S$ die Eigenschaft $A$".

Mit Hilfe der folgenden Definitionen[8]) können die Anfangs- und Randbedingungen als die Menge der Antezedenzien von Bedingungssätzen, die ihrerseits Einsetzungsinstanzen von wahren universellen physikalischen Sätzen sind, definiert werden:

$W$        = Klasse der wahren Sätze. $W$ ist ein widerspruchsfreies und vollständiges System von Sätzen, das eine vollständige Beschreibung unseres Universums ist. Jedes solche widerspruchsfreie vollständige System kann als eine mögliche Welt interpretiert werden (cf. 1.1).

$Fl(W)$ = Folgerungsmenge der wahren Sätze

$U$        = Klasse aller universellen physikalischen Sätze ohne Einsetzungsinstanzen (der physikalischen Sprache)

$W \cap U$ = Klasse aller wahren universellen physikalischen Sätze

$Fl(W \cap U) \cap H = J$  (= singuläre Einsetzungsinstanzen von universellen Sätzen)

$H$        = Menge aller singulären Sätze

$Jc$      = Klasse der Bedingungssätze (Implikationssätze) von $J$ (das ist eine echte Unterklasse von $J$)

$R_1$      = Menge der Antezedenzien von $Jc$

Die Klasse $R_1$ ist die Klasse der Anfangs- und Randbedingungen.

Die Klasse $R_I$ aller Anfangs- und Randbedingungen scheint weitgehend mit Scheibes Begriff der „Klasse aller kontingenten Aussagen über das Verhalten eines Systems (am Ort $O$ zur Zeit $t$)" übereinzustimmen[9]).

3.24.        Universelle Randbedingungen. Neben der Klasse $R_I$ ist für die hier zu gebende Begründung von $T$ noch eine andere Klasse von Randbedingungen bedeutsam. Es sind dies solche, die sich nicht auf ein physikalisches System im Universum, sondern auf das gesamte Universum, auf das Universum im Ganzen beziehen; sie werden mit „$R_U$" bezeichnet.

Beispiele für solche universelle Randbedingungen sind:

Die numerische Größe der im Universum vorhandenen Ladung; die numerische Größe der im Universum vorhandenen Energie, die numerische Größe des im Universum vorhandenen Impulses (Drehimpuls eingeschlossen); die Baryonenzahl des Universums.

### 3.3.        *Hauptmerkmale von physikalischen Gesetzen*

Invarianz, Universalität, implikative Form und Gehalt sind Hauptmerkmale aller Gesetze und deshalb auch physikalischer Gesetze. Die folgenden vier Merkmale treffen jedoch nur auf eine echte Teilmenge der Gesetze zu, in der die physikalischen Gesetze enthalten sind: Bewährung, Kritisierbarkeit, Systemzugehörigkeit, Bezug auf objektive Sachverhalte, Zweck: Beschreibung, Erklärung (und Vorhersage, Retrodiktion) und Begründung von Einzelphänomenen und letztlich: Erklärung und Beschreibung unseres Universums. Im folgenden wird nur das erste Merkmal kurz erörtert[10]).

Man kann die Frage „Was sind Gesetze?" geradezu damit beantworten, daß man sagt: *Invarianzprinzipien*. In bezug darauf kann man zwei Fragen stellen:

1. Was bleibt invariant, oder was ist die Invarianzeigenschaft?
2. Gegenüber welchen sich verändernden Dingen bleibt es invariant?

Oder: Gegenüber welchen Übergängen von Zustand $C_1$ zu Zustand $C_2$, d. h. gegenüber welchen Transformationen (von Zuständen) bleibt es invariant? Beispielsweise ist der Gang einer guten Uhr invariant gegenüber Ortsveränderungen (in der Ebene und gegenüber Höhenveränderungen) und Temperaturschwankungen. Auch Symmetrieeigenschaften sind Invarianzeigenschaften: Schneeflocken oder Faltschnitte sind invariant gegenüber Drehungen von 60 bzw. 90 Grad, der Kreis ist invariant gegenüber allen Drehungen in der Ebene.

Das Prinzip der Homeostasis besagt, daß die Erhaltung des Lebens invariant ist (oder in einem gesunden widerstandsfähigen Organismus invariant sein soll) gegenüber Umweltveränderungen. Zwischen den Elektronen ist die Nichtübereinstimmung in allen vier Quantenzahlen invariant gegenüber allen atomaren Prozessen (Pauli-Prinzip).

Noch weit allgemeinere Invarianzprinzipien metagesetzlicher Art — denn sie beziehen sich auf alle physikalischen Gesetze — sind die Relativitätsprinzipien von Einstein:

Die physikalischen Gesetze sind gegenüber (Transformationen in) Inertialsystemen invariant[11]) (Prinzip der Speziellen Relativitätstheorie). Die physikalischen Gesetze sind gegenüber (Transformationen in) beliebig bewegten Systemen invariant (Prinzip der Allgemeinen Relativitätstheorie). Nun betrachte man statt der beliebig bewegten Systeme innerhalb unseres Universums beliebig verschiedene Universen, die sich durch verschiedene $R_U$ voneinander unterscheiden und eventuell zusätzlich noch dadurch, daß in einem Universum eine verschiedene Menge von $R_I$ zur Verwirklichung gelangt als im anderen. Dann lautet ein dem Allgemeinen Relativitätsprinzip analoges, aber allgemeineres Prinzip für physikalische Gesetze:

$T_R$     Die physikalischen Gesetze sind gegenüber (Transformationen in) allen Welten (Universen), die sich in bezug auf $R_U$ oder $R_I$ unterscheiden, invariant.

$T_R$     ist eine präzisere Fassung von $T$ in bezug auf $R_U$ und $R_I$ mit Hilfe des Begriffs der Invarianz und der Definition $N$ (cf. 3.1).

### 3.4.    *Erhaltungssätze*

Daß Invarianzeigenschaften immer entsprechende Gesetze fordern und umgekehrt wird besonders deutlich an den sog. *Erhaltungssätzen,* die physikalische Gesetze von höchstem Allgemeinheitsgrad sind:

In der Physik kennt man zunächst zehn Erhaltungssätze, die mit folgenden Invarianzforderungen zusammenhängen:

1. Invarianz gegenüber Zeitverschiebungen: Energiesatz
2. Invarianz gegenüber Verschiebungen im Raum: drei Impulssätze
3. Invarianz gegenüber Drehungen im Raum: drei Drehimpulssätze
4. Invarianz gegenüber Lorentz-Transformation: drei Schwerpunktsätze

Der Satz der Erhaltung der Masse wird mit Hilfe der Einsteinschen Gleichung $E = mc^2$ auf den Satz der Erhaltung der Energie zurückgeführt. Außerdem sind noch folgende Erhaltungssätze bedeutsam: Der Satz der Erhaltung der Ladung (gilt in einem abgeschlossenen System für den Überschuß an positiver oder negativer Ladung). Der Satz der Erhaltung der Baryonenzahl: Die algebraische Summe der Baryonenzahl bleibt in allen physikalischen Prozessen erhalten. Der Satz der Erhaltung der Parität besagt die Invarianz physikalischer Gesetze gegenüber Raumspiegelungen. Er gilt allerdings nur für starke Wechselwirkungen, nicht aber für schwache.

### 3.5.    *Sind die physikalischen Gesetze gegenseitig (logisch) abhängig?*

Es sind hier drei Möglichkeiten zu unterscheiden.

### 3.51.    Die physikalischen Gesetze sind finit axiomatisierbar in dem Sinne, daß sie alle auf ein Axiom zurückgeführt werden können. (Die Weltformel von Heisenberg ist ein derartiger Versuch). In diesem Falle sind alle Gesetze gegenseitig (logisch) abhängig.

### 3.52.    Die physikalischen Gesetze sind finit axiomatisierbar in dem Sinne, daß alle auf einige wenige oder mehrere voneinander unabhängige Axiome (ein Axiomensystem) zurückgeführt werden können. In diesem Fall sind die Gesetze untereinander nur zum Teil (logisch) unabhängig.

### 3.53.    Die physikalischen Gesetze sind nicht finit axiomatisierbar.

In diesem Fall sind alle Gesetze gegenseitig unabhängig. Man könnte denken, daß dieser Fall der einzige ist, der zutreffen kann mit der Begründung, daß die klassische

Mathematik (reelle Zahlen) nicht finit axiomatisierbar ist (*Gödel* 1931) und die Physik diese Mathematik voraussetzt. Dieser Schluß ist aber nicht unter allen Umständen gerechtfertigt, weil man nicht genau weiß, ob die Physik mit einem finit axiomatisierbaren Bereich der Mathematik auskommen könnte, (so daß etwa 3.52 zutreffen würde), während sie tatsächlich — aus gewissen Einfachheitsgründen — weit mehr Mathematik (z. B. die reellen Zahlen) verwendet.

3.54.        Wenn 3.52 oder 3.53 zutrifft, sind die physikalischen Gesetze zum Teil oder ganz unabhängig voneinander. In jedem der beiden Fälle entsteht dann bei Abänderung eines unabhängigen Gesetzes eine Reihe von möglichen Welten, in denen die restlichen Gesetze noch gelten. Deshalb kann $T_R$ weiter ergänzt werden durch $T_{UN}$.

$T_{UN}$ Die physikalischen Gesetze sind gegenüber (Transformationen in) allen jenen Welten (Universen), die sich durch Abänderung mindestens eines unabhängigen Gesetzes unterscheiden, invariant.

3.6.        *Sind die physikalischen Gesetze deterministisch oder statistisch?*

Nach den heutigen Erkenntnissen gibt es sowohl sog. *deterministische* als auch sog. *statistische* Gesetze in der Physik. Die ersteren könnte man auch „Gesetze ohne Ausnahmen für das Einzelobjekt" und die letzteren „Gesetze, die Ausnahmen für das Einzelobjekt zulassen" nennen.

Beispiele für deterministische Gesetze sind Newtons Bewegungsgesetze, Maxwells Gesetze, die Gesetze der Optik (ohne Korpuskulardeutung). Gesetze deterministischer Art ohne Ausnahmen sind auch die Gesetze der Logik, der Mathematik und gewisse Gesetze in der Biologie, beispielsweise das Gesetz von der Verdoppelung der Chromosomen.

Beispiele für statistische (oder indeterministische) Gesetze der Physik sind das radioaktive Zerfallsgesetz, das Maxwell-Boltzmann Gesetz der Geschwindigkeitsverteilung; in der Biologie wäre das Gesetz der Homeostasis zu nennen.

Die Beispiele zeigen, daß die Frage „Sind die physikalischen Gesetze deterministisch oder statistisch?" (sofern hier ein ausschließendes „oder" gemeint ist) falsch gestellt ist. Es gibt sowohl deterministische als auch statistische physikalische Gesetze. Und es scheint nach heutigen Erkenntnissen sicher zu sein, daß es erstens Naturereignisse gibt, die sich nicht adäquat mit deterministischen Gesetzen beschreiben und erklären lassen und zweitens, daß es andere Naturereignisse gibt, die sich adäquat mit deterministischen Gesetzen beschreiben und erklären lassen.

3.61.        *Für die hier gemachten Überlegungen ist aber folgendes wichtig*

Statistische (oder indeterministische) Gesetze regeln immer nur das Verhalten einer Gesamtheit, lassen aber für den Einzelfall (oder für das Einzelobjekt) einen Freiheitsspielraum offen, bzw. lassen für das Einzelobjekt Ausnahmen zu. Als Beispiel diene der radioaktive $\alpha$-Zerfall. Die $\alpha$-Teilchen (Heliumkerne) benötigen im Normalfall eine gewisse Energie, um vom Atomkern loszukommen (die Kernbindungskräfte zu überwinden). Dieser Energie entspricht die Höhe des sog. Potentialwalles, den die $\alpha$-Teilchen überwinden müssen.

Ein deterministisches Gesetz würde besagen, daß jedes $\alpha$-Teilchen, um nach außen zu gelangen, eine Energie besitzen muß, die größer oder gleich dem Energieniveau des Potentialwalles ist. Ein solches Gesetz ist aber nicht gültig, da es Ausnahmen gibt; d. h. es gibt $\alpha$-Teilchen, die mit geringerer Energie, sozusagen durch den Potentialwall hindurch (wie durch einen Tunnel) vom Kern loskommen. Dieses Ausnahmeereignis ist ein experimentell wiederholbares Ereignis und heißt *Tunneleffekt*. Das deterministische Gesetz muß also durch ein statistisches ersetzt werden, das nur für die große Gesamtheit der $\alpha$-Teilchen das Überschreiten des Potentialwalles vorschreibt, jedoch eine geringere Zahl von Ausnahmen (Tunneleffekten) zuläßt. Anders ausgedrückt: das statistische Gesetz gibt nur eine gewisse hohe Wahrscheinlichkeit dafür an, daß die $\alpha$-Teilchen den Potentialwall überschreiten. Es gibt gleichzeitig eine geringe Wahrscheinlichkeit für die Ausnahmen (für das Durchstoßen des Potentialwalles) an. Aus diesem Beispiel ist klar, daß statistische Gesetze in bezug auf das Einzelverhalten einen Freiheitsspielraum offen lassen, was nicht für deterministische Gesetze gilt.

3.62.        Der Freiheitsspielraum, der durch statistische Gesetze offengelassen wird, erlaubt, daß mehrere verschiedene Universen Modelle für dieselben statistischen Gesetze sind. Denn das statistische Gesetz schreibt nicht vor, ob das $\alpha$-Teilchen $A$ oder das $\alpha$-Teilchen $B$ den Potentialwall durchstößt (oder auch ob ein bestimmtes den Potentialwall überschreitet). D. h. wenn in unserem Universum das $\alpha$-Teilchen $A$ den Potentialwall durchstößt, dann sind mit den statistischen Zerfallsgesetzen andere Universen verträglich, in denen die $\alpha$-Teilchen $B$ oder $C$ den Potentialwall durchstoßen. Vorausgesetzt ist dabei natürlich, daß im Laufe der Gesamtlebensdauer des Universums nicht ohnehin alle dort vorhandenen $\alpha$-Teilchen mindestens einmal den Potentialwall durchstoßen und daß die Reihenfolge der Teilchen nicht gesetzlich festgelegt ist; denn sonst würde es gar kein anderes mit den Zerfallgesetzen verträgliches Universum geben, in dem entweder nicht alle $\alpha$-Teilchen drankommen oder in dem sie alle in derselben Reihenfolge (Umgebungskonfiguration) stehen. Aber das letztere hieße hier ein verborgenes deterministisches Gesetz einführen und das statistische Gesetz eliminieren; mit anderen Worten: Statistische Gesetze erlauben neben dem faktischen Universum andere mögliche Welten als ihre Modelle[12]).

3.63.        Auf Grund des in 3.61 und 3.62 Gesagten können die Thesen $T_R$ und $T_{UN}$ weiter durch $T_S$ ergänzt werden.

$T_S$     Die physikalischen Gesetze sind gegenüber (Transformationen in) allen jenen Welten (Universen), die Modelle aller physikalischen statistischen Gesetze sind, invariant.

        Die Ergänzungen $T_R$, $T_{UN}$ und $T_S$ können zu einer präziseren Fassung $T^*$ von $T$ wie folgt zusammengefaßt werden:

$T^*$     Die physikalischen Gesetze sind gegenüber (Transformationen in) allen jenen möglichen Welten (Universen) invariant, die sich entweder durch Abänderung von $R_I$ oder $R_U$ oder mindestens eines der unabhängigen physikalischen Gesetze ergeben und in jenen, die Modelle der statistischen physikalischen Gesetze sind.

### 3.7.　　　　*Begründung der Thesen T und T**

Die Begründung der Thesen $T$ und $T^*$ wird auf folgende Weise vorgenommen. Zuerst wird gezeigt, unter welchen vier speziellen Bedingungen die physikalischen Gesetze genau auf unser Universum beschränkt sind. Dann wird gezeigt, unter welchen Bedingungen das nicht der Fall ist, also $T$ und $T^*$ gelten.

### 3.71.　　　　*Unter welchen Bedingungen sind die physikalischen Gesetze genau auf unser Universum beschränkt?*

Antwort: Es sind dies die folgenden vier Bedingungen. Wenn sie alle zutreffen, ist $T$ und $T^*$ falsch.

### 3.711.　　　　Alle physikalischen Gesetze sind voneinander logisch abhängig

Die Klasse der physikalischen Gesetze ist finit axiomatisierbar in dem Sinne, daß alle Gesetze aus einem einzigen Axiom abgeleitet werden können.

3.712.　　　　Alle physikalischen Gesetze sind deterministisch. Es gibt keine statistischen physikalischen Gesetze (sofern sich die Gesetze auf objektive Sachverhalte beziehen).

3.713.　　　　Alle $R_U$ sind gesetzlich geregelt. Alle Alternativen für andere Werte von $R_U$ sind gesetzlich ausgeschlossen.

3.714.　　　　Alle möglichen $R_I$ kommen im Laufe der Zeit tatsächlich vor, werden innerhalb der „Lebensdauer" des Universums „durchgespielt".

### 3.72.　　　　*Unter welchen Bedingungen sind die physikalischen Gesetze nicht auf unser Universum beschränkt, d.h. unter welchen Bedingungen sind T und T* wahr?*

Antwort: Dann, wenn mindestens eine der vier oben angeführten Bedingungen nicht zutrifft; das ist in 15 Fällen so (da 4 Bedingungen mit ihren Negationen 16 Fälle ergeben, wovon einer der ist, in dem alle 4 zutreffen). Rechnet man hinzu, daß die Negation der logischen Abhängigkeit der Gesetze (1. Bedingung) zwei Arten von Unabhängigkeit (teilweise und vollständige, cf. 3.52 und 3.53) ergibt, bekommt man sogar 31 mögliche Fälle, in denen $T$ und $T^*$ wahr sind gegenüber einem, in dem $T$ und $T^*$ falsch sind. Das allein macht es aus logischen Gründen wahrscheinlicher, daß $T$ und $T^*$ gilt (d. h. einer der 31 Fälle zutrifft) als daß $T$ und $T^*$ nicht gilt (31 Fälle ausgeschlossen sind).

ad 3.711.　Wenn 3.711 nicht zutrifft, kann entweder 3.52 oder 3.53 der Fall sein. Wenn 3.52 zutrifft, sind die Gesetze zum Teil voneinander unabhängig. D. h. bei Abänderung eines unabhängigen Gesetzes entsteht eine Reihe von möglichen Welten, in denen die restlichen (vom ersten unabhängigen Gesetze) noch gelten. Das gilt in noch weit verstärktem Ausmaß von dem Fall 3.53, da ja dann alle Gesetze gegenseitig unabhängig sind. D. h. Wenn 3.52 oder 3.53 gilt, dann sind die physikalischen Gesetze nicht auf unser Universum beschränkt, d. h. dann gelten damit $T$ und $T^*$.

ad 3.712.　Nach den heutigen Erkenntnissen in der Physik wird 3.712 ziemlich allgemein als falsch angesehen: Denn es gibt eine Reihe von Naturereignissen, die sich — nach heutigem Wissen — nur adäquat mit statistischen Gesetzen beschreiben und erklären lassen, wobei die statistischen Gesetze tatsächlich objektive Sachverhalte der Natur treffen. Daraus würde unmittelbar folgen, daß $T$ und $T^*$ wahr sind.

ad 3.713    Nach dem heutigen Stand der Wissenschaft sieht es nicht so aus, als ob alle $R_U$ gesetzlich festgelegt wären. Wenn mindestens ein $R_U$ (z. B. die numerische Größe der Energie im Weltall) nicht gesetzlich geregelt ist, d. h. tatsächlich eine Randbedingung ist, dann gibt es sofort eine Reihe von möglichen Welten, in denen alle physikalischen Gesetze gelten und die sich von unserer dadurch unterscheiden, daß eine der $R_U$ abgeändert ist (z. B. daß die numerische Größe der Gesamtenergie kleiner oder größer ist). D. h. wenn mindestens ein $R_U$ nicht gesetzlich festgelegt ist, dann gehen die physikalischen Gesetze über unser Universum hinaus, dann sind $T$ und $T^*$ wahr.

ad 3.714.    Wenn mindestens ein mögliches $R_I$ im Laufe der Zeit nicht verwirklicht wird, dann gibt es wiederum eine Reihe von möglichen alternativen Welten, in denen alle physikalischen Gesetze gelten, so daß $T$ und $T^*$ wahr ist. Normalerweise wird man annehmen, daß es viele — wenn nicht abzählbar unendlich viele — mögliche $R_I$ gibt, die niemals verwirklicht werden. Vor allem deshalb, weil im allgemeinen und mit guten Gründen die Wiederkehrzeit als ungeheuer viel größer als die Weltzeit angenommen wird. In diesem Fall wäre die Klasse jener möglichen Welten, die sich durch verschiedene $R_I$ von der unseren unterscheiden, sehr groß — wenn nicht abzählbar unendlich.

Die Diskussion der vier Bedingungen 3.711—3.714 im Hinblick auf ihr Nicht-zutreffen zeigt, daß $T$ und $T^*$ nicht nur auf Grund logischer Wahrscheinlichkeitsüberlegungen (31 Fälle gegen einen), sondern auch aus empirisch-faktischen Gründen mit überwiegender Sicherheit als wahr angenommen werden können.

### Anmerkungen

[1])    Dabei ist zu ergänzen, daß „widerspruchsvoll" oder „logische Kontradiktion" keinesfalls nur eine Bedeutung hat. Aber auch hier ist es für Zwecke dieses Artikels ebenfalls vorteilhaft, die toleranteste Bedeutung heranzuziehen. Rescher unterscheidet in seinem (MVL), S. 143, sechs verschieden strenge Formen des Prinzips vom ausgeschlossenen Widerspruch (mit dem „widerspruchsvoll" oder „widerspruchsfrei" sozusagen implizit definiert wird), wovon die vierte — die übrigens auch schon bei Aristoteles vorkommt (vgl. Met. 1011b13 und 1062a36) — die toleranteste ist. Sie lautet: *Von zwei Propositionen, von denen eine die Negation der anderen ist, können nicht beide wahr sein.* Dieses Prinzip ist auch in jeder mehrwertigen Logik gültig, was nicht für alle Formulierungen des Kontradiktionsprinzips gilt.

[2])    Cf. *Carnap* (MnN) § 2.

[3])    Cf. *Hintikka* (MQu), (MMd).

[4])    Cf. *Kripke* (SAM).

[4a])    Eine Reihe von wertvollen Hinweisen und kritischen Bemerkungen zu diesem Kapitel verdanke ich Dr. *H. Czermak.*

[5])    *Popper* (LgF), S. 384. Dort werden die Naturgesetze als *notwendig* gegenüber Einzeltatsachen, aber als *kontingent* gegenüber den Gesetzen der Logik charakterisiert.

[6])    *Popper* (LgF), S. 387.

[7])    *Popper* (RDN).

8)  Diese Definitionen wurden im Anschluß an die entsprechenden mehr detaillierten Definitionen von *Popper* in (RDN), p. 318 f. aufgestellt.

9)  Cf. *Scheibe* (KAP), S. 20 ff.

10) Eine ausführliche Besprechung der anderen Merkmale ist zu finden in: *Bunge* (SRI), (SRII), Kap. 6., 7., 9., 10., 15. (FPh), Kap. 1, 3.1—5.3. *Weingartner* (WTI), Kap. 3.1, 5.18, 5.6, 5.7.

11) Inertialsysteme sind Systeme, die sich zueinander in Ruhe oder gleichförmig geradliniger Bewegung befinden.

12) Den Hinweis auf die wichtige Tatsache, daß nicht nur die Abänderung der einschränkenden Bedingungen $R_I$ und $R_U$ und die der voneinander logisch unabhängigen Gesetze, sondern auch die statistischen Gesetze verschiedene mögliche Welten erlauben (gegenüber denen dann die physikalischen Gesetze invariant sind), verdanke ich Prof. *K. Baumann*.


## Literaturverzeichnis

*Bunge M.* (SRI) Scientific Research I, The Search for System, Berlin 1967. (SRII) Scientific Research II, The Search for Truth, Berlin 1967. (FPh) Foundations of Physics, Berlin 1967.

*Carnap R.* (MnN) Meaning and Necessity, Chicago 1956.

*Hintikka J.* (MQu) "Modality and Quantification", Theoria 27 (1961), p. 110—128. (MMd) "The Modes of Modality", in: Modal and Many-valued Logics (ed. *J. Hintikka*), Acta Philosophica Fennica (1963), p. 65—81.

*Kripke S.* (SAM) "Semantical Analysis of Modal Logic I", Zeitschrift für mathematische Logik 9 (1963), p. 67—96.

*Popper K. R.* (LgF) Logik der Forschung, Tübingen 1966. (RDN) "A Revised Definition of Natural Necessity", The British Journal for the Philosophy of Science 18 (1968), p. 316—321.

*Rescher N.* (MVL) Many-Valued Logic, New York 1969.

*Scheibe E.* (KAP) Die kontingenten Aussagen in der Physik, Bonn 1964.

*Weingartner P.* (WTI) Wissenschaftstheorie I, Einführung in die Hauptprobleme, Stuttgart 1971.

# Der Gesetzesbegriff in der Kosmologie

Bernulf Kanitscheider, Universität Gießen

## I.

Es ist keine Frage, daß die jahrtausendealte Geschichte der Kosmologie im Jahre 1917 in ein Stadium entscheidender Veränderungen getreten ist. So kühn und im spekulativen Sinne tiefsinnig manche der früheren Gedankengebäude über das Weltganze auch gewesen sein mochten, gelang es doch Einstein zum erstenmal, durch die Anwendung seiner mit einem speziellen Term erweiterten Feldgleichungen

$G_{\mu\nu}{}^{-\lambda}g_{\mu\nu} = -\kappa\,(T_{\mu\nu} - \frac{1}{2}\,g_{\mu\nu}\,T)$ zu expliziten Beziehungen zu kommen[1]), die den Anspruch einer universalen Gültigkeit erhoben, nicht in dem Sinn, daß sie nur für jedes *einzelne* Untersystem der Welt zutreffen, sondern daß sie eine globale Behauptung über *alle* Klassen von physikalischen Objekten darstellen, kurz, die *ersten kosmischen Gesetze* bildeten. Der Weg zu diesen paradigmatisch wichtigen Gleichungen ging aus von der bekannten Kritik von Seeliger und Neumann an der Möglichkeit eines Newtonschen, offenen, unbegrenzten Universums mit endlicher Materiedichte. Mit der Newtonschen Theorie ist nur eine Welt vereinbar, deren Besonderheit in einer Art Mitte — einem Gebiet maximaler Sterndichte — besteht, die nach außen hin immer dünner besiedelt und schon in einer endlichen Entfernung von einem unendlich leeren Raum umgeben ist[2]). Abgesehen vom seltsamen Wiedererstehen eines solchen aristotelischen Zentrums des Universums ist diese Materieanordnung auf die Dauer nicht stabil, weil eine derartige Sternenwolke zum einen niemals zurückkehrende Strahlung in den Raum aussendet und zum anderen nach und nach immer mehr Mitglieder an das Unendliche verliert und somit systematisch verödet. Eine ad hoc-Veränderung des $r^{-2}$-Gesetzes der Gravitation derart, daß die Anziehung der Massen bei großen Entfernungen abnimmt, ergibt zwar rechnerisch die Möglichkeit, die mittlere Materiedichte bis ins Unendliche konstant zu halten, ohne daß die Feldstärke der Gravitation divergiert, ist aber durch kein theoretisches Prinzip zu rechtfertigen und außerdem dem Vorwurf des Konventionalismus ausgesetzt, da keine der mathematischen Versionen physikalisch begründbar erscheint.

Einen Ausweg aus diesem Problem bot die Erfüllung eines Grundprinzips der Relativitätstheorie, der Relativität der Trägheit[3]), die eine Version des sog. Machschen

---

[1]) *A. Einstein*, Kosmologische Betrachtungen zur allgemeinen Relativitätstheorie, in: Das Relativitätsprinzip, Darmstadt 1958, S. 130—139

[2]) *A. Einstein*, Über spezielle und allgemeine Relativitätstheorie, 21. Aufl., Berlin 1969, S. 84

[3]) „... so muß man erwarten, daß die *ganze* Trägheit, d. h. das *ganze* $g_{\mu\nu}$-Feld durch die Materie der Welt bestimmt sei, nicht aber in der Hauptsache durch Grenzbedingungen im Unendlichen.“ (*A. Einstein*, Grundzüge der Relativitätstheorie Braunschweig 1965 S. 66)

Prinzipes ist. Es eröffnet die Möglichkeit, die Welt als ein in seinen räumlichen Erstreckungen *geschlossenes* Kontinuum anzusehen. In diesem Fall kann auf eine Festlegung der Grenzbedingungen im Unendlichen verzichtet werden. Einstein hatte zuerst durch reine a priori-Überlegungen, die das Verhalten des metrischen Feldes im räumlich Unendlichen betrafen, einen Vorschlag für die Raumstruktur im Großen gewonnen,

$$g_{\mu\nu} = -\left(\delta_{\mu\nu} + \frac{x_\mu x_\nu}{R^2 - (x_1^2 + x_2^2 + x_3^2)}\right),$$ welche durch die Bedingung für die kosmische Zeit

($g_{44} = 1$, $g_{14} = g_{24} = g_{34} = o$) das Verhalten von Uhren und Maßstäben beschreibt. Die physikalische Aufgabe bestand nun darin, den Materiezustand zu finden, dem eine solche Kugelgeometrie des Raumes entspricht, denn nach der Relativitätstheorie ist die metrische Struktur des Raumes mit seinem Materieinhalt analytisch verbunden. Bei der Gewinnung dieser strengen Gesetze zeigt sich nun deutlich, daß zu den Vorschriften für die Anwendung differentieller Beziehungen auf *endliche* Bereiche noch weitere Postulate hinzutreten müssen, die eine Erweiterung der lokalen Gleichungen auf die Welt im ganzen erst möglich machen[4]. Die lokalen Unregelmäßigkeiten der Materieverteilung wirken sich im Großen nicht aus und das berechtigt zu der Annahme, daß diese hier als gleichförmig und zeitlich nahezu unveränderlich angesehen werden kann; zusammen mit der Tatsache der Kleinheit der mittleren Sterngeschwindigkeit relativ zu $c$ ergibt sich daraus die Vermutung, daß es im Universum ein ausgezeichnetes Bezugssystem gibt, in dem die Materie sich in Ruhe befindet. In diesem Bezugssystem degeneriert der komplizierte Materietensor, der für eine perfekte hydrodynamische Flüssigkeit noch die Form

$$T^{\mu\nu} = (c^2 \rho + p)\, u^\mu u^\nu - p g^{\mu\nu} \quad \text{mit} \quad u^\mu = \frac{dx^\mu}{ds}$$ besitzt, zu einer einzigen skalaren Größe, der

Dichte $\rho$, welche keine Funktion der $x^\mu$ ist. Schon hier an dieser Stelle, wo zum erstenmal von dem Homogenitätspostulat Gebrauch gemacht wird, deutet sich die methodische Frage an, ob die historische Folge der Entdeckung der lokalen Gravitationsgesetze und der anschließenden Theorie der Weltgravitation auch der systematischen Beziehung entspricht. Es fragt sich, ob nicht dieser geometrische Rahmen mit seiner konstanten Krümmung und seiner kosmischen Zeit, der hier als Anwendung eines allgemeinen Gesetzes der Feinstruktur der Raumzeit auftritt, als übergeordnet angesehen werden muß, wobei die lokalen Gravitationsfelder sich dem geglätteten Feld überlagern[5]. Von dieser Richtung her betrachtet kommt schon das Problem in Sicht, ob die lokalen Gesetzlichkeiten sich in jedem Fall nahtlos an die universalen anschließen lassen müssen, was die Vertreter der Kinematischen Relativität später bezweifelt haben. Ein Hinweis darauf, daß sich die lokalen Gesetze nicht ohne Veränderung auf beliebig große Bereiche übertragen lassen, ist der $\lambda$-Term in den Feldgleichungen, den Einstein einführen mußte, um eine quasistatische Verteilung der Materie zu

---

[4]  Man kann in gewissem Sinne von einer Hierarchie der Raumzeit-Strukturen sprechen, die sich daraus ergibt, daß im irdischen Mikro- wie Makrobereich die ebene Minkowski-Welt gilt, bei astronomischen Systemen, für deren Aufbau das Gravitationsfeld eine bedeutende Rolle spielt, eine Riemann-Geometrie, die lokal minkowskisch wird, maßgebend ist und in der Kosmologie globale vierdimensionale Räume verwendet werden müssen, die lokal riemannsch sind. (Vgl. *H.-J. Treder*, Relativität und Kosmos, Berlin 1968, S. 8)

[5]  *G. J. Whitrow*, The Natural Philosophy of Time, London $^2$1963, S. 238.

ermöglichen, wie es der Tatsache der kleinen Sterngeschwindigkeiten entspricht. Die kosmologische Konstante, die später im Rahmen des Eddington-Lemaître-Modells die Rolle einer Repulsivkraft übernimmt, zerstört allerdings diesen vermuteten Anschluß noch nicht, da $\lambda$ wegen seiner Kleinheit, etwa bei der Behandlung von Planetenbewegungen, keinen Einfluß ausübt[6].

Wenn man nun alle die genannten Spezialisierungen durchführt, erhält man zwei einfache Gleichungen, $\lambda = \frac{1}{R^2}$ und $\rho = \frac{2}{R^2 \kappa}$, die eine Welt mit zylindrischer Raumzeit charakterisieren, in der der Raum sphärisch ist, die Zeit aber offen und unbeeinflußt von der Krümmung. Die Trennung von Raum und Zeit bleibt im kosmischen Maßstab erhalten, denn anders als in der Speziellen Relativitätstheorie gibt es hier ein universales Bezugssystem, in dem die Materie in Ruhe ist, und in bezug auf dieses fließt die Zeit in jedem Punkt gleichförmig dahin.

Eine Eigenart der beiden obigen Gleichungen, nämlich daß wir $\lambda$ nicht $O$ setzen können, ohne daß die Existenz von Materie auch verneint werden muß, hat zur Folge, daß in diesem statischen Modell „jedem gegebenen Volumen einer endlichen Welt eine ganz bestimmte Weltmasse entspricht und umgekehrt eine Welt von gegebener Masse ein bestimmtes Volumen erfüllen muß"[7]. Auch diese strenge Beziehung zwischen Raum und Materie, die aus begrenzten physikalischen Systemen nicht bekannt ist, wurde später von der rationalen Kosmologie aufgegriffen und zu der Forderung erweitert, daß es in der Physik des umfassendsten Systems nur Gesetze geben darf, die allein auf dieses einzige System passen und keine Spezialisierungen auf eine Vielzahl von möglichen Universen zulassen. Die Trennung zwischen den universell gültigen Gesetzen und speziellen materiellen Gebilden, die sich tatsächlich nach diesen richten, scheint in der traditionellen Physik eine

---

6) Das methodisch Interessante an dieser Rückstoßkraft besteht darin, daß sie nicht wie andere Wechselwirkungen mit der Entfernung ab-, sondern zunimmt und zwar geht von jedem Punkt $P$ des Raumes, ob er nun mit Materie besetzt ist oder nicht, eine abstoßende Wirkung auf eine Galaxie aus, die nur zu deren Masse und ihrer Entfernung von $P$ proportional ist. Offensichtlich zeigt sich der Einfluß des $\lambda$-Terms erst in großen Bereichen, z. B. in der Aufrechterhaltung des Gleichgewichtes im Einstein-Universum trotz der Gravitationswirkung. Eddingtons Nachweis der Instabilität dieses Gleichgewichtes (*A. Eddington*, On the Instability of Einsteins Spherical World, Mon. Not. Roy. Astr. Soc. Vol. 19, 1930, S. 668—678) war der Anstoß dafür, das Modell von Lemaître (*G. Lemaître*, Un univers homogène de masse constante et de rayon croissant, rendant compte de la vitesse radiale des nébuleuses extragalactiques, Annales de la Soc. Scient. de Bruxelles Vol. 47, A, 1927, S. 49—59) zu befürworten, das mit etwas anderen physikalischen Voraussetzungen als bei Friedman unter den Randbedingungen der Energieerhaltung $[\frac{d}{dt}[(\rho_m + 3p) R^3] + p \frac{d}{dt}(R^3) = O$, d.h. die Variation von Strahlungs- und Materieenergie + der Arbeit des Strahlungsdrucks verschwindet$]$ und der Konstanz der Masse im Universum $\rho m R^3 = const$ zur Gleichung

$$t = \int \frac{dR}{\sqrt{[\lambda R^2/3 - 1 + (\alpha/3R + \beta/R^2)}}$$

führt, welche u.a. eine Welt beschreibt, die, anfangslos, von einem Einsteinschen Gleichgewicht ausgehend, mit sich beschleunigender Expansion einem grenzenlos wachsenden de Sitter-Zustand zustrebt.

7) *A. Haas*, Die kosmologischen Probleme der Physik, Leipzig 1934, S. 75.

Art historischer Selbstverständlichkeit zu sein, denn niemand käme auf den Gedanken, daß das Newtonsche Gravitationsgesetz eine andere Form haben könnte, wenn es noch einen zusätzlichen Planeten gäbe, während die Umkehrung der Frage, nämlich ob die Zahl der Himmelskörper in unserem Sonnensystem bei einem anderen Gravitationsgesetz größer oder kleiner wäre, im Hinblick auf einen anderen Verlauf des kosmogonischen Prozesses der Planetenbildung nach einigem Zögern vielleicht positiv beantwortet werden würde. Das klassische Bild des ewigen, unveränderlichen Naturgesetzes enthält aber sicher das Merkmal der Unabhängigkeit von speziellen Materieverteilungen, welche es erfüllen.

Indessen ging der Weg der historischen Entwicklung zuerst einmal anders[8]. Die Vielfalt der Modelle bahnte sich an, als de Sitter nachwies, daß auch die modifizierten Feldgleichungen nicht jede leere Lösung ausschließen und daß es offensichtlich Fälle gibt, wo die Raumzeit keineswegs durch den Materieinhalt determiniert wird. Abgesehen von dieser Verletzung des Machschen Prinzipes zeigt die de Sitter-Welt eine ähnlich strenge Koppelung ihrer Raumstruktur mit der verschwindenden Materiedichte wie die Einstein-Welt, die soviel Materie erfordert hatte, daß sie de Sitter zu der süffisanten Bemerkung veranlaßte, daß diese keinem anderen Zweck diene als vermuten zu lassen, daß sie nicht existiere[9]. Diese unerwünschte Konsequenz einer leeren Welt, welche die Raumstruktur $\frac{\dot{R}}{R} = \frac{1}{T}$ mit der Lösung $R = R_0\, e^{\frac{t}{T}}$ besitzt, konnte erst beseitigt werden, als man auf die Verwendung der Einsteinschen Feldgleichungen verzichtete und die sehr positiven Eigenschaften von $R(t)$ — die Funktion besitzt keine Singularitäten und ist weder 0 noch $\infty$ innerhalb endlicher Zeiten — im Rahmen der Steady-State Theory (SST) mit der Existenz von Materie vereinen konnte. Hieran sieht man, daß der ausgezeichnete Bezug zwischen Gesetzesstruktur und Objektbereich, wie er sich in den beiden frühen statischen bzw. stationären Modellen zeigt, mit den erkenntnistheoretischen Wurzeln der Relativitätstheorie verknüpft ist, welche damit gewissermaßen prädestiniert zu sein scheint, gesetzesartige Beziehungen zu finden, die nicht in allen logisch möglichen Welten gelten, sondern nur in einer, die durch die Anfangsbedingungen eines festen Materieinhalts mit bestimmter Verteilung und Geschwindigkeit gegeben ist.

Ohne auf die weiteren danach entdeckten evolutionären Modelle einzugehen, in denen sich im Prinzip ähnliche Verhältnisse zeigen, sei noch auf eine mögliche Grenze für die Anwendbarkeit von Gesetzen hingewiesen, welche durch die Existenz von Horizonten in nicht gleichförmig expandierenden Modellen gegeben ist. Sie werfen als empirische Schranken Licht auf die Möglichkeit der begrenzten Geltung unserer Naturgesetze. Der Horizontbegriff selbst ist von Rindler[10] geklärt worden in bezug auf alle Weltmodelle vom Typ der Robertson-Walker-Metrik, $ds^2 = dt^2 - \frac{1}{c^2}\, R^2(t)\, \frac{dr^2 + r^2\,(d\vartheta^2 + \sin^2\vartheta\, d\varphi^2)}{(1 + kr^2/4)^2}$, welche in

---

[8]  *B. Kanitscheider*, Philosophisch-historische Grundlagen der physikalischen Kosmologie, Stuttgart 1973, Kap. 6.

[9]  *W. de Sitter*, On the relativity of inertia, Proc. Roy. Akad. Wet. Amsterdam, Section of Science, Vol. 19, 1917, S. 1222

[10]  *W. Rindler*, Visual Horizons in World-Models, Monthly Not. Roy. Astr. Soc., Vol. CXVI, 1956, S. 662–677

der relativistischen Kosmologie zu den Friedman-Universen führt, die durch eine zeitabhän-
gige Geometrie mit konstanter räumlicher Krümmung und durch eine homogene, isotrope
Materieverteilung mit Druck und Dichte als einzige Zustandsgrößen gekennzeichnet sind.
Von der funktionalen Form des Faktors $R(t)$ hängt es nun ab, ob die Welt einen *Ereignishorizont* besitzt, bei dem alle Ereignisse in zwei disjunkte Klassen eingeteilt werden und
zwar diejenigen, die zu einem Zeitpunkt der Vergangenheit, Gegenwart oder Zukunft von
einem Fundamentalbeobachter gesehen werden können und die, für die dies unmöglich
ist[11]), oder ob sie einen *Partikelhorizont* hat, wo die Klasseneinteilung relativ zu einem Beobachter $A$ und einem kosmischen Zeitpunkt $t_0$ vorgenommen wird und durch eine Fläche
im momentanen Raum ($t = t_0$) erfolgt, die die Fundamentalteilchen in die von $A$ in $t_0$
schon beobachtbaren und die noch nicht beobachtbaren einteilt[12]).

In der Anwendung der mathematischen Kriterien auf die einzelnen Modelle
zeigt sich beim de Sitter-Universum ($R(t) \sim e^{\frac{t}{T}}$, $k = O$) der erste Fall verwirklicht, beim
Einstein-de Sitter-Modell ($R \sim t^{2/3}$, $k = O$) der zweite, beim zweiten Lemaître-Modell
($k = +1$) beide[13]) und bei Milnes gleichförmig expandierender Welt ($R \sim t$, $k = -1$) gar
kein Horizont[14]). Es ist wichtig zu betonen, daß die Horizonte nicht nur dadurch entstehen,

---

[11]) die notwendige und hinreichende Bedingung hierfür besteht in der Konvergenz des Integrals

$$\int^{\infty} \frac{dt}{R(t)}$$

[12]) dies ist erfüllt durch die Konvergenz von $\int_0 \frac{dt}{R(t)}$

[13]) Gemeint ist hierbei Lemaîtres späteres Modell, welches er im Zusammenhang mit seiner kosmogonischen Theorie vom «atome primitif» befürwortet hat (*G. Lemaître*, L'Hypothèse de l'atome
primitif, Neuchâtel 1946, S. 67 ff.) und welches nach einem singulären Zustand im Ursprung
schnell expandiert, worauf eine Epoche folgt, in der Gravitation und Repulsion ($\lambda$-Term!) einen
stationären Zustand herbeiführen; die letztere gewinnt dann die Oberhand und führt zu einer
immer stärker zunehmenden Nebelflucht. In der ersten Epoche zeigt sich die Horizonteigenschaft
darin, daß der Beobachter mit wachsender Zeit immer weiter sieht, immer neue Fundamentalteilchen
in seinen Gesichtskreis eintreten, in dem Maße, wie die Expansion abnimmt; im stationären Abschnitt bleibt das Universum fast völlig sichtbar, während es danach Ereignisse im Weltall gibt, die
er auch mit einem Instrument unbeschränkter Reichweite niemals beobachten kann, wie lange er
auch wartet. Dies ist der Fall, obwohl das Modell endlich ($k = +1$) ist und das Licht immer nur endliche Entfernungen zurückzulegen hat. Der Grund hierfür liegt darin, daß das Licht die ständig
wachsende Distanz nicht schnell genug überwinden kann, um den Beobachter zu erreichen. Der Ereignishorizont im 3. Abschnitt des Lemaître-Modells zeigt aber auch die seltsame Eigenschaft, daß
trotz der Tatsache, daß alle darinliegenden Fundamentalteilchen, beurteilt nach ihrer eigenen Geschichte, den Horizont kreuzen, sie von einem festen Beobachter A aus gesehen ewig in dessen
Gesichtskreis bleiben, daß allerdings eine Information von diesen unendlich verzögert bei A ankommt. So überschreiten zwar im Laufe der wachsenden Expansion immer mehr Galaxien den
Horizont und A bleibt zuletzt innerhalb dieses Bereiches allein, er sieht jedoch seine einstigen
Nachbarn in geisterhafter Weise als alternde Bilder in abnehmendem und röter werdendem Licht.

[14]) Interessanterweise ruft die *Zeitumkehr* in einem Modell mit einem Ereignishorizont die Existenz
eines Partikelhorizontes hervor und umgekehrt (*W. Rindler*, a.a.O., S. 674).

daß die Beobachter mit bestimmten Fundamentalteilchen verbunden bleiben; wenn man ihnen erlaubt, mit $v < c$ durch das Universum zu streifen, dann erhöht sich zwar die Klasse der beobachtbaren Ereignisse, es bleibt jedoch auch dann eine etwas verschobene Grenze vorhanden, die Rindler den *absoluten Horizont* nennt. Er tritt in einem Universum auf, daß in bezug auf einen ruhenden Fundamentalbeobachter beide Horizonte hat. Diese absolute Grenze läßt die Existenz von Ereignissen zu, die niemals in die zeitliche Erfahrung eines Beobachters eintreten können, wie lange er auch lebt und wie schnell er sich auch bewegt.

Der Erkenntnistheoretiker stellt hier nun die Frage, ob diese Horizonte echte Grenzen der Erkenntnis oder nur der Erfahrung sind, aus denen bestätigende oder erschütternde Informationen, stützende oder falsifizierende Instanzen für die Naturgesetze gewonnen werden können. Hier wird die epistemologische Interpretationsabhängigkeit sichtbar. Der strenge Empirist, für den der Geltungsbereich und die Menge der Erfahrungsinstanzen eines Gesetzes zusammenfallen, der keinen Unterschied macht zwischen der Referentenmenge, die durch den semantischen Bezug bestimmt wird, und der Menge der Testinstanzen, die durch geeignete Prüfverfahren geliefert werden, wird hier eine endgültige Schranke sehen, die Welt ist hier für ihn zu Ende. Wenn man allerdings eine objektivistische Haltung und die Ontologie eines kritischen Realismus vertritt, die die bewußtseinsunabhängige Existenz der physikalischen Systeme und damit der intendierten Bezugsobjekte von Gesetzen annimmt, dann muß man diese Konsequenz der empiristischen Beschränkung nicht auf sich nehmen, man kann den Geltungsanspruch physikalischer Gesetze auch auf den nicht beobachtbaren Bereich ausdehnen, obwohl der Behauptungsanspruch prinzipiell nur in der engeren Region, in einem Teilbereich, prüfbar ist. Der Bezug wird hier insofern ausgedehnt, als die intendierten Objekte eines Gesetzes weder nur unter den *beobachteten* zu finden sind, nicht einmal allein in der Menge der *beobachtbaren* Dinge liegen, sondern auch außerhalb dieser beiden angenommen werden, wobei jedoch die Entscheidung über ihre tatsächliche Existenz zu jedem Zeitpunkt von der kleinsten Gruppe, den beobachteten Daten, her erfolgt. Ebenso wie in der Quantenmechanik ist es auch in der Welt des ganz Großen notwendig, sehr indirekte Erkenntnisverfahren zu tolerieren. In beiden Bereichen kann die Zulassung von theoretischen Termen, mit denen sich niemals ein empirischer Gehalt verbinden läßt, nützlich sein für die Vermeidung von vorzeitigen Erkenntnisbarrieren, die bei einer zu engen Epistemologie schnell zu einem destruktiven Verzicht führen.

## II.

Eines der auffallendsten Kennzeichen der relativistischen Kosmologie ist ihr breites Angebot an möglichen Lösungen für den großräumigen Aufbau der Welt. Die Vielzahl von Möglichkeiten selbst bei der engen Einschränkung auf Homogenität und Isotropie und damit auf konstante Krümmung macht eine Entscheidung durch die astrophysikalischen Daten sehr schwer. Als Reaktion darauf trat eine ganz andere Epistemologie auf den Plan mit dem Ziel, zu einer eindeutigen Struktur des Universums zu gelangen, die durch eine einzige Klasse von Gesetzen repräsentiert wird. Dieser neo-aristotelische Rationalismus, neben Eddington[15]) vor allem durch E. A. Milne vertreten[16]), kritisiert an der konventionellen philosophy of science, daß sie die Frage nach dem *Ursprung der Naturgesetze* nicht stellt und es nicht für notwendig erachtet, diese als die einzige beweisbare Notwendigkeit von unmittelbar einleuchtenden Voraussetzungen abzuleiten. Der Nachteil der traditionellen empiristischen Vorgangsweise, eine Menge von Gesetzesformeln zu erfinden und ihre Gültigkeit nur daran zu messen, ob sich mit ihnen das vorhandene Datenmaterial erfolgreich interpretieren läßt, wird besonders deutlich, wenn man nicht nur ausgewählte Teile der Welt erforschen will, sondern die hierin gültigen Gesetze auf die gesamte Realität ausdehnen möchte, wobei die zweifelhafte Voraussetzung gemacht wird, daß das Weltganze keine Züge aufweist, die sich nicht auch in begrenzten Bereichen wiederfinden lassen. Bei der Anwendung der deduktiven Methode, die die Notwendigkeit der Gesetze streng begründet, erhalten wir ein Weltbild, bei dem die kosmischen Gesetze keinen Spielraum für zufällige, kontingente, nicht weiter erklärbare sog. irrationale Fakten haben, sondern wo nur die eine, tatsächlich realisierte Welt möglich ist, bei der die Notwendigkeit die Möglichkeit der einzigen Wirklichkeit determiniert. Milnes Verdienst besteht darin, seinen philosophischen Ansatz nicht nur als bloße Forderung in den Raum gestellt, sondern eine neue Physik mit vollständig ausgearbeiteter Mechanik und Elektrodynamik geliefert zu haben[17]). Wir beschränken jedoch hier unsere Aufmerksamkeit auf die kosmischen Gesetze der Kinematischen Relativität.

Milnes Ausgangspunkt ist die logische Tatsache der Einzigkeit des Universums[18]). In völliger Offenheit stellt er seine rationalistischen Forderungen an die Kosmologie als Wissenschaft. Wenn das Universum rational durchdringbar sein soll, müssen wir für jede Eigenschaft, der wir begegnen, einen hinreichenden Grund angeben, jede Warum-Frage darf nur eine Lösung haben, es soll kein irrationales Faktum übrig bleiben, wie es bei der Spezifizierung der vielen relativistischen Modelle, ob expandierend, kontrahierend, oszillierend, eben, spärisch, hyperbolisch gekrümmt, mit oder ohne $\lambda$ der Fall ist. Diese Vielfalt rührt von dem Fehler her, daß die Relativisten die Fundamente nicht tief genug gelegt und zuviel von den Ergebnissen der irdischen Laboratoriumsphysik verwendet haben. Um ein Objekt wie das Universum zu studieren, muß man von ersten Prinzipien aus einen eindeutigen Weg gehen, der an keiner Stelle eine Alternative zeigt, oder, wie Milne sagt, keine "bifurcation of possibility". Es ist das erklärte Ziel dieses cartesianischen Deduktivismus, möglichst von einem Minimum an Voraussetzungen ausgehend, keine Faktizitäten hinzunehmen — etwa das positive Vorzeichen der Gravitationskonstante, wonach sich die Körper anziehen und nicht abstoßen oder neutral verhalten — und alle Gesetze zu Theoremen zu machen. Tatsächlich gelangt er in der Kosmologie auch zu einem einzigen Modell mit gleichförmiger Expansion ($R \sim ct$), mit deren Erfülltsein die Theorie steht und fällt. Wenn man mit Popper argumentieren wollte, so müßte man zugeben, daß Milnes Theorie einen größeren Gehalt besitzt, denn sie kann mit ihrem einzigen kosmischen Expansionsgesetz viel leichter an der Erfahrung scheitern als die relativistische Theorie, die durch die Widerlegung *einer* der kos-

---


15) *A. Eddington*, Physical Science and Philosophy, Nature, Suppl. Vol. 139, June 1937, S. 1000

16) *E. A. Milne*, Modern Cosmology and the Christian Idea of God, Oxford 1952

17) *E. A. Milne*, Kinematic Relativity, Oxford 1948

18) *E. A. Milne*, Modern Cosmology, a. a. O., S. 49

mologischen Lösungen nicht im geringsten erschüttert wird. Der Hauptvorwurf Milnes[19]) richtet sich also gegen diesen theoretischen Spielraum, den er als magischen Irrationalismus bezeichnet, weil die Existenz der Naturgesetze völlig unerklärt bleibt; von der Weltmaterie, für die sie gelten, sind sie nämlich gänzlich unabhängig und deshalb kann ihr Ursprung nicht erforscht werden. In einer rationalen Welt müssen die Gesetze aus dem, was existiert, ableitbar sein, und nur eine Irrationalität bleibt übrig, die der Schöpfung des Universums selbst, welche Milne rein theologisch verankert. Von diesem religiösen Ausgangspunkt unabhängig ist aber seine Behauptung über die notwendige Verknüpfung von Weltinhalt und seinen Gesetzen, daß also durch die Vorgabe dessen, was existiert, auch schon die Gesetze festgelegt sind, welche dieser Inhalt befolgen muß. Dies widerstreitet völlig der vorrelativistischen Auffassung, wie sie von B. Russell formuliert wurde, daß die gesamte dynamische Welt ohne Rücksicht auf die Existenz betrachtet werden könne[20]), aber Milnes Vorwurf betrifft auch die relativistische Kosmologie, bei der ein homogenes Universum mit mehreren Klassen von Gesetzen ausgestattet sein kann. Es ist für Milne gerade nicht legitim, beides unabhängig voneinander anzunehmen, die Gesetze müssen aus der Homogenität abgeleitet werden, wobei dieser Vorgang nur in einer Richtung möglich ist; der Inhalt des Universums bestimmt zwar die Gesetze, aber aus einer bestimmten vorgegebenen Gesetzesmenge läßt sich niemals der Inhalt des Weltalls deduzieren. Die unabhängige Einführung von Metrik und Feldgleichungen zuerst und dann von einem spezialisierten Materietensor garantiert nicht, daß die beiden Faktoren auf die Dauer vereinbar sind. Das Gravitationsgesetz der relativistischen Kosmologie mit seiner Konstante $\kappa$ ist zwar in der gegenwärtigen Epoche mit der Homogenität der Materie vereinbar, aber es ist durch nichts auszuschließen, daß $\kappa$ eine Funktion der Zeit ist[21]).

Dennoch wird man heute entgegen der Milneschen Auffassung das Vorhandensein vieler Möglichkeiten als Vorteil und nicht als Fehler ansehen; allerdings setzt diese Hochschätzung die Hinnahme von Beobachtungsdaten ("brute facts") voraus, welche die Auswahl unter den Modellen treffen müssen, wobei aber im Rahmen dieser Theorie nach dem Grund für deren Vorliegen nicht sinnvoll gefragt werden kann. Die Erkenntnislehre der Relativitätstheorie stößt sich somit nicht wie Milne an der Zweiteilung unseres Wissens über die Welt in nomologisches, das die dauerhaften Strukturen wiedergeben soll, und in kontingentes, das der Vielheit der Einzelfälle gerecht wird[22]). Das gleichsam eleatische Ziel,

---

[19]) *E. A. Milne*, On the Origin of Laws of Nature, Nature, Suppl. Vol. 139, 1937, S. 997–999

[20]) *B. Russell*, The Principles of Mathematics, Cambridge 1903, S. 493

[21]) *E. A. Milne*, Modern Cosmology, a. a. O., S. 71

[22]) Eine bedeutsame Anwendung dieser Teilung wird bei der Frage deutlich, in welcher Weise die in unserem Universum ablaufenden physikalischen Prozesse Anisotropie auf das Zeitkontinuum übertragen. Wenn man die hierzu notwendigen irreversiblen Prozesse in solche einteilt, deren zeitliche Umkehrung mit wachsender Zeit nur auf Grund bestimmter, in unserer Welt vorherrschender Anfangs- bzw. Randbedingungen nicht vorkommt und solche, deren Umkehrbarkeit durch ein bestimmtes Gesetz ausgeschlossen wird, so fragt es sich, ob diese begriffliche Unterscheidung auf kosmologischer Ebene durchgehalten werden kann, "for what criterion is there for presuming a spatially ubiquitous and temporally permanent feature of the universe to have the character of a boundary condition rather than that of a law?" (*A. Grünbaum*, Philosophical Problems of Space and Time, New York 1963, S. 211

alles kontingente Material als Instanz von Gesetzesformeln darzustellen, kann höchstens als Programm angesehen, aber niemals auf einen Schlag erreicht werden. Nach dem heutigen Stand der Rationalisierung der Fakten sind wir jedoch immer noch viel näher an Heraklit als an Parmenides.

Bei kritischer Beleuchtung von Milnes These, daß aus der Einzigkeit der Welt die Notwendigkeit eines eindeutigen Entwurfes gefordert werden kann, ist man zuerst versucht zu fragen, ob denkbare Alternativen zum aktualen Universum notwendig unmöglich sind oder nur unwirklich. H. Dingle vergleicht diese Situation mit der statistischen Mechanik von Gibbs[23]), wo wir, um das Verhalten einer Gasmenge zu studieren, zuerst annehmen, daß die Probe aus einer großen Anzahl von Molekülen besteht, die sich in nicht genau festgelegter Weise bewegen, und dann eine große Zahl von solchen Proben betrachten. Wir können auf Grund der Unbestimmtheit zwar nicht mit Sicherheit das Verhalten des Ensembles von Proben voraussagen, aber sein wahrscheinliches Verhalten ableiten. Daraus lassen sich dann Schlüsse auf das Verhalten der einen realen Gasmenge ziehen. Die Vorgangsweise ist insofern sicher legitim, als alle Konstellationen des Ensembles unzweifelhaft als tatsächlich möglich ausgewiesen sind und überdies eine Vielzahl der Elemente des Ensembles effektiv existieren. Ist es nun gerechtfertigt, diese Betrachtungsweise auf das Universum zu übertragen? Können wir in derselben Weise von einem Ensemble von Universa sprechen, die alle mit anderer Materieverteilung, -geschwindigkeit, Strahlungsdichte usw. ausgestattet sind, und vom Verhalten dieser imaginären Menge auf unsere tatsächliche Welt schließen? Es erscheint einleuchtend, daß wir erst dann von der Wahrscheinlichkeit eines Ereignisses sprechen können, wenn wir sicher sind, daß es auch physikalisch möglich ist. Es gibt aber wohl keinen Weg zu zeigen, daß irgendein anderes Universum als das unsrige effektiv möglich ist.

### III.

In *philosophischer* Hinsicht kann die sog. neue Kosmologie als Erbe der Kinematischen Relativität angesehen werden, auch wenn Milne das Entstehungsgesetz der SST als irrational, weil unerklärbar, zurückgewiesen hat. In *objektwissenschaftlicher* Hinsicht stehen beide Richtungen in einer gewissen Affinität zur Relativitätstheorie, da sie Raumzeiten vom Robertson-Walker-Typ verwenden, wenn auch mit unterschiedlicher Interpretation, denn die kinematische Technik setzt einen absoluten Raum voraus, in den hinein der Schwarm von Fundamentalteilchen expandiert und die SST muß ihre stationäre Metrik entsprechend dem vollkommenen kosmologischen Prinzip mit einer Änderung der Materie-Energie-Erhaltung verknüpfen. In pointierter Weise stellt Bondi zwei Vorgangsweisen zur Gewinnung kosmischer Gesetze einander gegenüber[24]). Bei der *induktiven* Methode werden

---

23) *H. Dingle*, Philosophical Aspects of Cosmology, in: *A. Beer* (Ed.), Vistas in Astronomy I, London — New York 1955, S. 162—166
24) *H. Bondi*, Cosmology, Cambridge ²1968, S. 4

ausgehend von lokal gültigen Gleichungen „mögliche Welten" konstruiert, wobei von allen
Existenzannahmen abgesehen wird, die aktual realisierte aber dann durch Beobachtung gefunden werden muß. Die *deduktive* Weise geht von bestimmten a priori-Voraussetzungen
aus, die jeder physikalischen Theorie zugrunde liegen, wie etwa eine Raumzeit-Struktur,
und diese sind wiederum gleichwertig mit Eigenschaften der Welt im Großen. Dann ergeben
sich die Gesetze der Kosmologie als Folge der a priori-Annahmen, welche die Basis jeder
Physik bilden. Der methodische Unterschied der neuen Kosmologie zum Rationalismus der
Kinematischen Relativität liegt in der engen Verbindung, die hier zwischen Kosmologie und
lokaler Physik gesehen wird, darin also, daß es nicht gleichsam offen bleibt, ob die fundamentalen Gesetze im Großen nach einer Spezialisierung Anschluß an die terrestrische Laboratoriumsphysik finden müssen, daß Kosmologie eine Art Mutterwissenschaft aller irdischen
Physik wird, ergänzt durch die Leitidee der Einfachheit, welche die Komplexität zu einer
Eigenschaft unseres molaren Ausschnittes der Welt stempelt. Der Gedanke der Einfachheit
war es auch, der Bondi und Gold zum vollkommenen kosmologischen Prinzip inspiriert
hat[25]), das im Verein mit der Beobachtungstatsache des thermodynamischen Ungleichge-
wichtes — das Olbers-Paradox ist das deutliche Zeichen dafür, daß das Universum eine vollkommene Senke für Strahlung darstellt — zu einer expandierenden Welt in stationärem Zustand führt, wobei die Gleichförmigkeit des raumzeitlichen Aspektes durch ständige Neu-
entstehung von Materie aus dem Nichts gewährleistet wird[26]).

　　　Ein weiteres Argument, das den engen Zusammenhang des Universums bekräftigt, stützt sich auf die unbestimmte *Wiederholbarkeit von Experimenten*. Die Irrelevanz
von Ort und Zeitpunkt der Ausführung ist die Bedingung der Vergleichbarkeit von Ergebnissen. Da jedes irdische Laboratorium in vielen zusammengesetzten Bewegungen (mit der
Erde, dem Sonnensystem, der Milchstraße, als Teilnehmer an der Expansion) seinen Ort in
unwiederholbarer Weise verändert, frühere Zeitpunkte sicher unzugänglich sind, kann der
Gültigkeitsanspruch von Gesetzen — unabhängig davon, ob sie selbst die Veränderung raumzeitlicher Konfigurationen von physikalischen Systemen zum Gegenstand haben oder achro-
nischer (wie die geometrische Optik) oder atopischer (wie die Thermostatik) Natur sind —
nur gewährleistet sein, wenn der Zustand der kosmischen Umgebung sich nur wenig und un-
systematisch ändert. Für kleine Bereiche kann eine mögliche Abhängigkeit der Naturgesetze
von Ort und Zeit verschwindend sein, aber je weiter man ihre Geltung ausdehnt (etwa auf
geologische Epochen, Planetenentstehung, Sternentwicklung), umso größer wird die ver-
langte Gleichförmigkeit des Kosmos. Wenn man allerdings ein im Großen veränderliches
Weltall annimmt, ist man gezwungen, in irgendeiner Weise die Wechselwirkungen zwischen
den zeitlich variablen Zustandsgrößen der fernen Materie (vor allem Druck und Dichte) und
den lokalen Gesetzen zu berücksichtigen. Abgesehen von dieser scheinbaren Vermengung

---

[25]) *H. Bondi* und *T. Gold*, The Steady-State Theory of the Expanding Universe, Mon. Not. Roy. Astr.
Soc., Vol. 108, 1948, S. 252—270

[26]) Die Stationaritätsbedingung des vollkommenen kosmologischen Prinzips steht nicht in Konflikt
mit der Expansion, denn diese besagt ja nur, daß die Abstände der einzelnen Nebel sich mit der
Zeit ändern, was durchaus mit der räumlichen und zeitlichen Gleichförmigkeit der Welt im ganzen
vereinbar ist.

von Sprachkategorien, die sich bei Zugrundelegung eines realistischen Standpunktes leicht auflösen läßt, indem man den Gesetzesformeln unabhängig existierende Referenten zuschreibt, wobei die fernen Massen ihre Wirkungen auf die Bezugsobjekte und nicht auf deren symbolische Wiedergabe ausüben, gibt es zwei echte Phänomene, die nach Bondi auf die Existenz von Bindegliedern zwischen dem sehr fernen Bereich der Welt und unserer nahen Umgebung hinweisen, die *Dunkelheit des mondlosen Nachthimmels* und die *Trägheit*.

Die Auflösung des Paradox von Olbers wird heute einhellig auf die Expansion zurückgeführt, weil die andere Alternative einer relativen Jugend des Weltalls unannehmbar erscheint[27], so daß die Existenz dieser elektromagnetischen Koppelung unserer lokalen Phänomene mit den entfernten Regionen von den Kosmologen verschiedener philosophischer Herkunft viel eher zugestanden wird als das in vielen Facetten schillernde Mach-Prinzip. Eine von ihnen spielt in der neuen Kosmologie eine bedeutende Rolle für den determinierenden Einfluß des Kosmos auf unsere lokalen Gesetze[28]. Die Tatsache, daß eine dynamische Feststellung der Erdrotation (durch ein Foucault-Pendel) und eine astronomische Beobachtung (in bezug auf die Fixsterne) dasselbe lokale Inertialsystem bestimmen, ist weder durch die Newtonschen Gesetze noch durch die Relativitätstheorie erklärbar; deshalb liegt es nahe, eine kausale Verknüpfung zwischen der Sternbewegung und dem Bezugssystem anzunehmen, in dem lokal das Trägheitsgesetz gilt.

Die Art der Wechselwirkung wird, da das Maß der Trägheit eines Körpers ja seine Masse ist, in einer Proportionalität zu fernen Massen bestehen. Da nachgewiesenermaßen die nahen Körper wenig Beitrag zu dieser Eigenschaft leisten, muß die Verbindung von

---

27) Man kann das Paradoxon auch auflösen, wenn man unter Voraussetzung des kosmologischen Prinzips und einer statischen Materieverteilung annimmt, daß die Sterne erst seit einem festen Zeitpunkt in der Vergangenheit (zwischen $10^8$ und $10^{12}$ Jahren) Strahlung aussenden, so daß sich das Zeitintegral über die durchschnittliche Leuchtkraft pro Volumen noch nicht zu dem heutigen Wert der Strahlungsdichte aufsummiert hat (*H. Bondi*, Cosmology, a. a. O., S. 23).

28) Es ist vielleicht nicht uninteressant zu erwähnen, daß selbst zwei relativ neutrale Vertreter wie Heckmann und Schücking, die nicht eindeutig einer der drei kosmologischen Richtungen zugerechnet werden können, drei Gründe für die Verknüpftheit der lokalen Physik mit der Weltstruktur im Großen anführen. So benötigt man für jede Voraussage eines Ereignisses in der Feldphysik den Anfangszustand des Feldes auf einer raumartigen Hyperfläche „auch in großer Entfernung von unserem Standort", denn es stellt eine spezielle kosmologische Hypothese dar, anzunehmen, daß es *keine* Ereignisse gibt, die vor langer Zeit jenseits des Horizontes unserer heutigen Teleskope stattfanden und „schon im nächsten Augenblick eine merkliche Wirkung ins Sonnensystem einstrahlen". Darüberhinaus erwähnen sie den Gedanken von Infeld, daß sich die räumliche Endlichkeit des Universums lokal in der Weise offenbart, daß ein Teilchen nur noch diskrete Impulswerte besitzen kann und nicht zuletzt wirken sich die Invarianzeigenschaften der Welt im Großen auf die Feldgesetze von Elementarprozessen aus, da sowohl die Erhaltungssätze als auch die Vertauschungsrelationen von den Bewegungsgruppen abhängen, die in der Welt zulässig sind. (O. Heckmann und E. Schücking, Newtonsche und Einsteinsche Kosmologie, in: Handbuch der Physik, Bd. 53, Astrophysik IV, Berlin 1959, S. 489)

der Art sein, daß die Wirkung ferner Bereiche dominiert[29]), was zugleich die Möglichkeit
kosmischer Informationsgewinnung eröffnet. Wichtig ist bei dieser Verwendung des Mach-
Prinzips, daß die Verteilung der fernen Massen nicht nur die Bewegung des lokalen Inertial-
systems, sondern auch Größe und Quantität der Trägheit jedes einzelnen Körpers bestimmen sollen. Wenn die Gravitationswirkung eines Körpers eine innere Eigenschaft ist, seine
Trägheit aber außerdem vom Zustand des Universums abhängt, so enthält das Verhältnis
von beiden, die Gravitationskonstante $\gamma$, — so schließt Bondi — Information über ferne Teile der Welt; war diese einmal in einer sehr unterschiedlichen Verfassung im Vergleich zu
heute, muß auch $\gamma$ damals einen anderen Wert gehabt haben[30]). Allgemein muß jede physikalische Theorie, welche das Mach-Prinzip anerkennt, damit rechnen, daß $\gamma$ örtlich bzw.
zeitlich variabel ist, es sei denn, dies wird durch die Verwendung des kosmologischen oder
des vollkommenen kosmologischen Prinzips vermieden. Gerade durch den letzten Zusatz
wird die metawissenschaftliche Funktion des strengeren Prinzips sichtbar, das im Fall nied-
rigrangiger empirischer Generalisationen die Rechtfertigung für deren universelle Gültigkeit
liefert dadurch, daß es die unbeschränkte Wiederholbarkeit von Experimenten gestattet.
Dadurch aber, daß das vollkommene kosmologische Prinzip den Typus des zeitabhängigen
Gesetzes zu vermeiden sucht, was nur eine andere Sprechweise dafür darstellt, daß bestimmte Größen, die in dem Gesetz bisher als Konstante angesehen wurden, möglicherweise säku-
laren Veränderungen unterliegen, enthüllt es sich als Kriterium zur Bestimmung des Geset-
zesbegriffs. Ein Gesetz ist danach eine *invariante* Beziehung zwischen ausgezeichneten Zügen der Wirklichkeit und daher gehört es zu seiner Merkmalsklasse, sich räumlich oder zeitlich nicht zu ändern. Zeigt sich ein äußerer Einfluß, der diese stabile Beziehung zerstört und

---

[29])  Die Ausführung dieses Gedankens, welche die Kritik Berkeleys und Machs an der unbefriedigenden
Erklärung der bevorzugten Rolle der Inertialsysteme durch den absoluten Raum aufnimmt, kann
im Prinzip in zwei Weisen erfolgen. Entweder bleibt man dabei, den Raum als die Quelle der Trägheitskräfte anzusehen, dann muß man ihm physikalische Eigenschaften zuschreiben, welche ihn
verändern infolge der Rückwirkung der Materie, die er beeinflußt. Diese feldtheoretische Vorgangsweise, bei der die Trägheitskräfte, die auf einen Körper einwirken, nur von der physikalischen Geometrie der unmittelbaren Umgebung abhängen, geht auf Einstein zurück. Oder man verwendet direkte Wechselwirkung zwischen den Körpern nach Art des Coulomb-Gesetzes $F = \dfrac{e_1 e_2}{r^2}$; dann wird
die Trägheit nicht durch den *Raum*, sondern durch die *anderen Körper* hervorgerufen. Diesen Weg
geht D. W. Sciama. In Analogie zur relativen Bewegung zweier Ladungen, welche Wirkungen aufein-
ander ausüben, die nicht nur proportional der Geschwindigkeit, sondern auch der Beschleunigung
sind, macht er, da sich die Lage- und geschwindigkeitsabhängigen Einflüsse (der Massen auf die Trägheit eines Körpers) aus Symmetriegründen wegheben, eine *beschleunigungsabhängige Kraft*, die mit
der 1. Potenz der Entfernung abnimmt, um dem geringen Beitrag lokaler Körper Rechnung zu tragen, für die Trägheit der Körper verantwortlich. Sein Gesetz der inertialen Induktion hat demnach
die Form $F \sim \dfrac{m_1 m_2}{r} \alpha$, wofür aber eine mittlere Materiedichte im Universum von $7.10^{-30}$ gcm$^{-3}$
erforderlich ist. (D. W. *Sciama*, The Physical Foundations of General Relativity, New York, 1969,
S. 22)

[30])  *I. I. Shapiro* u. a. bestimmten auf Grund von Vergleichen zwischen einer Cs-Atomuhr und der
„Gravitationsuhr" Merkur die obere Schranke für die relative Veränderung der Gravitationskon-
stante als $\dfrac{dG/dt}{G} \leqslant 4.10^{-10}\, a^{-1}$ (*I. I. Shapiro* u. a., Gravitational Constant: Experimental Bound on
its Time Variation, Phys. Rev. Lett. Vol. 26, Nr. 1, 1971, S. 27—30)

der bis jetzt noch nicht berücksichtigt worden ist[31]), dann wird das Gesetz nicht *variabel,* sondern *komplizierter;* es wird durch ein neues, mit mehr Veränderlichen ausgestattetes ersetzt, welches seinerseits einen Versuch darstellt, diesmal die tatsächlich invarianten Strukturen in raumzeitlich unabhängiger Weise wiederzugeben. Eine Evolution des Universums würde also auch bei Gültigkeit des Mach-Prinzipes nicht die Auswahl der Gesetze der Willkür überlassen, sondern nur möglicherweise noch unbekannte Einflüsse ferner Regionen berücksichtigen müssen; desgleichen machten auch etwaige Inhomogenitäten oder Anisotropien in der räumlichen Materieverteilung, die natürlich das Wiederholbarkeitsprinzip verletzen würden, die Erarbeitung von Gesetzen einer solchen Welt niemals unmöglich. Allerdings treten hier einige besondere erkenntnistheoretische Fragen auf, die durch den Verzicht auf das kosmologische Prinzip und die Hypothese von der kosmischen Zeit entstehen. Abgesehen von dem Versuch Einsteins[32]), dessen Ziel darin bestand, den Einfluß der Expansion auf Schwarzschild-Zellen zu studieren, etwa die Bewegungsänderung lokaler Systeme wie eines Aggregates von Planeten, stammt der erste Versuch, die relativistische Kosmologie mit dem Gedanken der Inhomogenität zu vereinen, von Omer[33]), der, von der empiristischen Einstellung Tolmans[34]) angeregt, ein Modell entwirft, das ein Zentrum besitzt, von dem aus die Materiedichte nach außen hin zunimmt und wo die Ursache für das isotrope Erscheinungsbild der Welt in der Lage des menschlichen Beobachters nahe dieser Mitte zu suchen ist. Die Expansion, deren Rate veränderlich ist, wenn man vom Zentrum ausgeht, muß nach der Art einer Kugelwelle verstanden werden, die sich mit endlicher Geschwindigkeit ausbreitet. Als Einwand gegen die Erkenntnishaltung, die der Konstruktion dieses Modells zugrunde liegt, ist ihre zu große Nähe zum empirischen Material vorgebracht worden[35]),

---

31) Dies betrifft etwa die drei Argumente, die *P. G. Bergmann* dafür vorgebracht hat, daß gegenwärtig akzeptierte Naturgesetze im kosmischen Bereich nicht mehr gültig bleiben. Er erwähnt dabei die schon besprochene Dirac-Vermutung, daß bestimmte dimensionslose Konstanten wie etwa das Verhältnis von elektrischen zu gravitativen Kräften, wie es zwischen Elementarteilchen wirksam ist, sich in kosmischen Zeiträumen ändern; ebenso die neu entdeckte Mikrowellen-Hintergrundstrahlung, die als Rest eines primordialen Feuerballs auf einen heißen Anfang des Universums weist und die nur in einem ausgezeichneten Ruhesystem isotropen Charakter zeigt und damit das Relativitätsprinzip einschränkt auf Experimente, die keine Wechselwirkungen mit diesem kosmischen Hintergrund enthalten; und zuletzt kann das Auftreten von Singularitäten im metrischen Feld als Hinweis angesehen werden dafür, daß manche theoretischen Begriffe der heutigen Physik ungeeignet sind, um hochkondensierte Materie zu verstehen, was Einstein selbst zum Vorschlag eines völligen Umbaus der geometrischen Basis im Rahmen einer einheitlichen Feldtheorie geführt hat (vgl. *B. Kanitscheider*, Geometrie und Wirklichkeit, Berlin 1971, S. 268). In jedem dieser drei Fälle zeigt sich nur der Hinweis auf eine Notwendigkeit, den begrifflichen Rahmen der Kosmologie zu erweitern, um der veränderten faktischen Situation Rechnung zu tragen, wobei aber in keinem Fall eine apriorisch gewählte Struktur die „transzendentale" Bedingung der Möglichkeit für diese Verbesserungen darstellt. (*P. G. Bergmann*, Cosmology as a Science, Foundations of Physics, Vol. 1, Nr. 1, 1970, S. 17—22)

32) *A. Einstein* und *Strauss,* The influence of the expansion of space on the gravitational fields surrounding the individual stars, Rev. Mod. Phys., Vol. 17, 1945, S. 120—124

33) *G. C. Omer,* A non-homogeneous cosmological model, Astrophys. Journ., Vol. 109, 1949, S. 164—176

34) *R. C. Tolman,* The Age of the Universe, Rev. Mod. Phys., Vol. 21, 1949, S. 374—378

35) *J. Merleau-Ponty*, Cosmologie du $XX^e$ siècle, Paris 1965, S. 276

aber mehr noch als dies stört wohl den neuzeitlichen Kritiker der Anthropozentrismus, der einen Verstoß gegen das Kopernikanische Prinzip darstellt, wonach die Erde im Weltenraum keine Sonderstellung einnimmt und demgemäß die Position des menschlichen Beobachters nicht als wesentliche Komponente in die Naturgesetze eingehen darf.

Wenn wir auf die sich drehenden Welten von Gödel mit ihrer Zeitproblematik nicht eingehen, da dies an anderer Stelle geschehen ist[36], so seien doch einige Abweichungen von den Robertsonschen Voraussetzungen der Gleichförmigkeit erwähnt. Da eine stückweise Rekonstruktion des Universums, welche die tatsächliche inhomogene Verteilung von leerem Raum und Materiekondensation berücksichtigt, indem sie die Überlagerung von lokalen Lösungen der Feldgleichungen der einzelnen Himmelskörper verwendet, wegen der Nichtlinearität der Einsteinschen Beziehungen auf unüberwindliche Schwierigkeiten stößt[37], behalten die meisten Versuche die Voraussetzung von einer Materieverteilung im Sinne einer perfekten Flüssigkeit bei, schreiben ihr aber eine etwas kompliziertere Bewegung zu.

In den anisotropen Universen wird die Darstellungsmaterie neben der Expansion auch durch Rotation und Scherung erweitert[38], wobei die auf diese Weise veränderte Friedman-Gleichung $\dfrac{\ddot{R}}{c^2 R} = \dfrac{1}{3}\left(\lambda - \dfrac{4\pi\gamma\rho}{3c^2} - \varphi^2 + 2\omega^2\right)$[39] mit dem Rotationsterm $-2\omega^2 = g^{ij} g^{kl}\,\omega_{il}\,\omega_{kj}$ und dem Scherungsausdruck $\varphi^2 = q_{\mu\nu}\,q^{\mu\nu}$[40] erkennen läßt, daß die Rotation entgegen der Gravitation im Sinne einer Verstärkung der Expansion wirkt, während die Scherung als transversale Deformation sich in Richtung einer Kondensation äußert. Die Untersuchungen von Schücking und Heckmann[41] haben insofern ein für uns thematisch wichtiges Ergebnis gebracht, als sie zeigen, daß die Einführung einer Scherung in die kosmische Flüssigkeit entscheidend die Natur der Anfangssingularität verändert, wel-

---

[36]  *B. Kanitscheider*, Philosophisch-historische Grundlagen der physikalischen Kosmologie, Stuttgart 1973, Kap. 6.5

[37]  Versuche existieren nur mit sog. Vakuolen-Modellen, welche aus Löchern bestehen, in deren Zentrum eine Quelle für eine Schwarzschild-Metrik sitzt.

[38]  *A. Raychaudhuri*, Relativistic Cosmology, Phys. Rev., Vol. 98, 1955, S. 1123–1126

[39]  a. a. O., Gleichung 11

[40]  Die kinematische Aufspaltung des kosmischen Strömungsfeldes liefert drei fundamentale Komponenten, die *Rotation* $\omega_{\mu\nu} = \frac{1}{2}(u_{\mu;\nu} - u_{\nu;\mu})$, welche die Drehung des Weltsubstrates relativ zu einem mitbewegten lokalen Inertialsystem ausdrückt und deren Verschwinden gleichwertig mit der Hypothese der kosmischen Zeit ist, die *Scherung* $q_{\mu\nu} = \frac{1}{2}(u_{\mu;\nu} + u_{\nu;\mu}) - \frac{1}{3}(g_{\mu\nu} - u_\mu u_\nu)\,u^\lambda_{;\lambda}$, welche sich durch das Auftreten von innerer Reibung im Substrat bemerkbar macht und eine bestimmte irreversibel erzeugte Wärmemenge liefert, und die *Expansion* $u^\lambda_{;\lambda} = \dfrac{3R_{,\mu}}{R}\,u^\mu$, welche den Skalenfaktor $R$ enthält, der die Änderung der kosmischen Entfernungen angibt. Alle drei setzen sich zusammen zu der raumzeitlichen Veränderung des Vierervektors der kosmischen Flüssigkeit in kovarianter Form $u_{\mu;\nu} = (g_{\mu\nu} - u_\mu u_\nu)\,\dfrac{R_{,\lambda}}{R}\,u^\lambda + q_{\mu\nu} + \omega_{\mu\nu}$. (*O. Heckmann/E. Schücking*, Newtonsche und Einsteinsche Kosmologie, a. a. O, S. 503)

[41]  *E. Schücking/O. Heckmann*, World Models, in: La Structure et l'Evolution de l'Univers, 11[e] Conseil de Physique, Brüssel 1958, S. 149–158

che in allen Modellen, in denen sie auftritt, als eine prinzipielle Gültigkeitsgrenze für die Extrapolation unserer Gesetze anzusehen ist. Anders als in den isotropen Modellen, wo die Materie in der Singularität in physikalisch unerfüllbarer Weise auf einen Punkt zusammenrückt, "for $t \to 0$ every finite distribution of matter degenerates into an infinite line"[42]. Es ist wohl nicht leicht, die Tragweite dieser dimensionalen Reduktion zu verstehen, vor allem, wenn sie im strengen Sinn verwendet wird; nimmt man sie nur, ebenso wie die kosmische Flüssigkeit, als Approximation derart, daß die linear ausgewalzte Materie durch eine Art „Flaschenhals" gehen muß, so ließe sich ein Teil der stofflichen Strukturen und damit die Gültigkeit der physikalischen Gesetze aufrechterhalten. Während so die alleinige Anwesenheit von Scherung die *Art* der Singularität verändert, scheint diese bei Vorhandensein von Rotation völlig zu verschwinden, wie das dritte anisotrope Modell von Heckmann und Schücking zeigt, das beide Komponenten enthält. Diese theoretische Entwicklung macht deutlich, daß nur die stark vereinfachenden Annahmen der Gleichförmigkeit jenen Grenzzustand vorgetäuscht haben, daß die Feldgleichungen in Wirklichkeit ein äußerst empfindliches und anpassungsfähiges Instrument darstellen, welches einerseits erlaubt, eine vorschnelle Erkenntnisblockade zu überschreiten, und andererseits jeder metaphysischen Spekulation über einen absoluten Anfang das Motiv nimmt.

Dies ist bekräftigt worden durch die Ausarbeitung einer Lösung durch Robinson[43], der ein homogenes Modell vorgelegt hat mit $\lambda = 0$ und $p = 0$, mit kosmischer Zeit und verschwindender räumlicher Krümmung, in dem die Materie nur eine allein von der Zeit abhängige Scherung besitzt. Die Raummetrik hat eine Funktionalform, so daß die Beziehungen, die das Verhalten von Maßstäben auf den drei Koordinatenachsen angeben, keinen gemeinsamen Nullpunkt haben[44], womit bei passender Wahl der Koordinaten die Singularität linear oder flächenhaft, aber niemals punktförmig werden kann. Die wichtige Frage, die sich an die anisotropen Modelle anschließt, besteht darin, ob sich — natürlich immer im Rahmen der relativistischen Theorie — die Geschichte des Universums über jenen ausgezeichneten Zeitpunkt in der Vergangenheit hinaus zurückverfolgen läßt, ob die Stetigkeit der Entwicklung auch jenseits des „Anfangs", wie er sich im Rahmen der Hypothese von Robertson zeigt, betrachtet werden kann, oder ob die früheren Epochen des Weltalls so verschieden von unserem heutigen Zustand sind, daß eine Retrodiktion auf Grund der gegenwärtig verfügbaren Gesetze unmöglich erscheint. Gerade der Nachweis Heckmanns[45] — wenn auch in einem Newtonschen Universum —, daß bei der Zulassung einer schwachen Rotation der Skalenfaktor $R(t)$ für $t = 0$ eine endliche Dichte der Materie bei der Umkehrung der Kontraktion zur Expansion gestattet, die sogar das Überleben ganzer Galaxien beim Durchgang durch diese kosmische Enge erlaubt, gibt einen Hinweis auf eine auch zeitlich unbeschränkte Erforschbarkeit der Welt insofern, als kein temporärer Wissensstand ein echtes „ignorabimus" nahelegt.

---

[42] a. a. O., S. 157

[43] *B. B. Robinson*, Relativistic universes with shear, Proc. Nat. Acad. Sc. USA, Vol. 47, 1961, S. 1852—1857

[44] $g_{ik} = 0$ für $i \neq k$, $g_{ii} = L^{\frac{2c_i}{b}} t^{\left(\frac{2}{3} + \frac{2c_i}{b}\right)} (Lt + b)^{\left(\frac{2}{3} - \frac{2c_i}{b}\right)}$, $b^2 = \Sigma c_i^2$, $\Sigma c_i = 0$

[45] *O. Heckmann*, On the possible influence of a general rotation on the expansion of the universe, Astron. Journ. Vol. 66, 1961, Nr. 10, S. 599—603

In einem gewissen Sinne stellen die beiden Arten des Verlassens der Uniformität der Darstellungsmaterie auch zwei methodische Arbeitsweisen dar. Während der Zugang zur Anisotropie über globale kosmische Hypothesen erfolgt, welche den Rahmen für die Gesetze der Megaphysik abstecken, geht die Konstruktion eines inhomogenen Gitteruniversums[46] induktiv vor, indem man sich die Welt wie ein Kristall aus vielen Zellen aufgebaut vorstellt, wobei in jeder einzelnen Zelle die lokal gut bestätigte Schwarzschild-Lösung gilt. An der Grenze der Elemente zueinander müssen Verknüpfungsbedingungen gelten, und diese sind es, aus denen sich die Dynamik des Ganzen ergeben muß. Die Diskontinuität, die sich an der Grenze zweier Zellen ergibt, wird so bewältigt, daß ihre Massenkonzentrationen auf beiden Seiten der Zelle sich derart beschleunigt in Richtung der Trennwand bewegen, daß diese Unstetigkeit im Randbereich verschwindet. Dieses kann als der neue und wichtige Zug dieser Idee angesehen werden. "It expresses the equation of motion of the mass at the center of a cell as a dynamic condition on the boundary of the cell"[47]. Die gesamte Dynamik der Expansion und der nachfolgenden Kontraktion wird aus der elementaren statischen Schwarzschild-Lösung

$$ds^2 = (1 - 2\,Gm/c^2 r)^{-1}\,dr^2 + r^2\,(d\,\vartheta^2 + \sin\vartheta\,d\,\varphi^2) - (1 - 2\,Gm/c^2 r)\,dT^2$$

abgeleitet, wobei sich Lindquist und Wheeler auf den Fall beschränken, wo gleiche Massen in einem regulären Gitter innerhalb eines geschlossenen Raumes angeordnet sind. Für den Fall von 600 Massen, der größten Anzahl, welche in solcher Form angeordnet werden kann, stimmt der berechnete maximale Expansionsradius bis auf 1,2 % mit dem der homogenen Materieverteilung von Friedman überein.

Die ganze Konstruktion offenbart in gewissem Sinne eine antipodische Epistemologie sowohl zur normalen homogen relativistischen als auch und erst recht zur kinematischen Kosmologie. Die globalen Beziehungen werden nicht durch abstrakte Ausgangshypothesen, seien sie nun apriorisch wie in der Kinematischen Relativität oder aposteriorisch wie in der Allgemeinen Relativität, gewonnen, sondern die Eigenschaften des Ganzen ergeben sich aus den Vereinbarkeitsbedingungen der natürlichen Teile der Welt, wobei die Struktur dieser Elemente durch eine lokal gut bewährte geometrische Gesetzlichkeit dargestellt ist. So enthüllt diese Art der Gewinnung kosmischer Gesetze, die der faktisch ja recht drastischen Augenscheinlichkeit der Inhomogenitäten in der Welt Rechnung trägt, eine Erkenntnishaltung, bei der die Dominanz und das Gewicht des Ganzen stark abgeschwächt erscheinen zugunsten einer sicheren, vom Detail her aufbauenden Konstruktion.

### IV.

Von besonderem Interesse wird der epistemologische Status der kosmologischen Gesetze, wenn es zu entscheiden gilt, ob in dem Bereich der Megaphysik nur deskriptive Erkenntnis in Form von Beobachtungsberichten möglich ist, wie sie die empirische Astronomie und Astrophysik liefern, oder ob die Frage nach dem „Warum" einer bestimmten globalen Eigenschaft sinnvoll gestellt werden kann. Eine deskriptive Vorgangsweise im

---

[46]  R. W. *Lindquist* und J. A. *Wheeler*, Dynamics of a Lattice Universe by the Schwarzschild-Cell Method, Rev. Mod. Phys., Vol. 29, Nr. 3, 1957, S. 432—443
[47]  a. a. O., S. 432

Sinne einer konstruktiven Generalisation, welche mehrere Klassen von Ereignissen verknüpft, ist sicher nicht möglich, da die Vielzahl von Einzelinstanzen, die im Fall von Unter-
systemen der Welt vorhanden ist, logisch unerreichbar bleibt. Darüberhinaus liefert die beobachtende Kosmologie niemals Ergebnisse, die im manifesten Sinne als global angesehen
werden können, sondern nur solche, die sich auf durch die Reichweite der Instrumente
begrenzte Bereiche beziehen. Aber selbst wenn weder eine Beschränkung durch das Auf-
lösungsvermögen der Teleskope noch durch Horizonte vorläge, könnte sogar im finiten
Fall der Satz, daß das, was jetzt im Beobachtungsmaterial vorliegt, das Ganze ist, nicht
allein empirisch gestützt werden. Da schon über die Existenz eines Horizontes nur theoretisch entschieden werden kann, ist die Behauptung von vollständiger empirischer Erforschbarkeit kein Satz, der *aus* einer Beschreibung resultiert, sondern nur Leitfaden für die Gewinnung empirischer Erkenntnis, welche *in* einer Beschreibung enden kann[48].

Wenn schon die Beschreibung von globalen Zügen der Welt ohne theoretische
Elemente sicher nicht gelingen kann, so fragt es sich, ob denn kosmologische Erklärungen
möglich sind. Ob der Begriff der DN-Erklärung nach dem HO-Schema auf die Eigenschaften
der Welt im ganzen übertragbar ist, hängt im wesentlichen von der Existenz kosmischer Gesetze ab. Aber weder das Fehlen eines Kriteriums zur Trennung von nomologischen und
kontingenten de facto-Eigenschaften noch das Vorhandensein lediglich einer einzigen Instanz verhindern die Existenz strenger Relationen zwischen globalen Eigenschaften, welche
den Charakter der Notwendigkeit besitzen. Eine Erklärung von Tatsachen, etwa der topo-
logischen Geschlossenheit oder der Riemannschen Krümmung, kann demnach nie die Form
haben, daß im Explanans eine Generalisation steht, die Bezug nimmt auf eine Vielzahl von
Universen, und dazu die Antecedensbedingungen die Spezialisierung angeben, die das gegenwärtig vorliegende auszeichnet, und daß daraus dann das betreffende kosmische Explanandum deduziert wird, sondern es kann im Explanans immer nur auf eine modelltheoretische
*Idealisierung* des bestehenden Universums zurückgegriffen werden, innerhalb derer das Explanandum ein notwendiger Bestandteil ist. Angelegentlich der Verwendung des Modellbe-
griffes taucht die schon mehrfach angeklungene epistemologische Auseinandersetzung zwischen realistischer und instrumentalistischer Gesetzesauffassung wieder auf. Vom Standpunkt eines Theoretikers, der kein "ontological commitment" eingehen will, sind ein Modell
und alle funktionalen Beziehungen innerhalb desselben ein Werkzeug zur Vorhersage, das
nur durch seine Effizienz gerechtfertigt wird, aber keinen unabhängigen kognitiven Wert
besitzt, während unter einer realistischen Voraussetzung ein kosmologisches Modell eine
Strukturaussage über ein unabhängig vom Menschen existierendes Universum machen will.
Spätestens aber bei der Frage der äquivalenten, ferner der alternativen konkurrierenden
und auch im Fall eines widerlegten Modells gerät derjenige, der die ontologische Entscheidung offen läßt, in Schwierigkeiten. Während noch die Gleichwertigkeit und der gegenseitige Ausschuß ohne Einbeziehung eines Erkenntnisanspruches nur über die Voraussage-
leistung verstanden werden können, wobei allerdings etwa bei einer operationalistischen
Einstellung der Verzicht auf ein unabhängig existierendes Bezugsobjekt völlig unerklärt
läßt, worüber ein kosmologisches Modell eigentlich spricht, wird das Scheitern eines Mo-

---

48) *M. K. Munitz*, Cosmology, in: Encyclopedia of Philosophy, hrsg. v. *P. Edwards*, Bd. 1, New York/
   London 1967, S. 238

dells völlig unverständlich, wenn man nicht annimmt, daß der angezielte Bereich — hier die
Welt im ganzen — die bestimmte, mit begrifflichen Mitteln symbolisch wiedergegebene Struktur tatsächlich *nicht* besitzt. Dies läßt sich auch mit dem früher angedeuteten Verständnis
des Gesetzesbegriffes vereinen, bei dem ebenfalls der durch den semantischen Bezug spezi-
fizierte objektive Bereich, der hier durch das theoretische Modell in vereinfachter Form
abzubilden versucht wird, von der auf astrophysikalischem Wege gewonnenen Datenmenge
deutlich unterschieden wird, welche zur Kontrolle der faktischen Aussage auf ihren Wahr-
heitswert hin dient. Hier wie in der gesamten Physik zielt die Erkenntnis auf reale Systeme,
der einzige Unterschied liegt im kosmologischen Fall darin, daß es zu diesem einzigen System kein umfassenderes geben kann, was aber niemals die Trennung von "meaning" und
"testability" beeinflussen darf.

Die modelltheoretische Einschränkung gilt sowohl für die Erklärung von Tatsachen als auch von Gesetzen. Lemaître schloß seinen Aufsatz aus dem Jahre 1927 mit den
Worten: «Il resterait à se rendre compte de la cause de l'expansion de l'univers» [49]. So versucht er in seinem ersten Modell, die Expansion mit dem Energieverbrauch in Verbindung
zu bringen, der durch die Arbeitsleistung des sich ausdehnenden Gases ($dE + pdV = 0$)
gegeben ist, und so den Druckterm für eine kausale Erklärung zu benützen. Ebenso wird die
Geschlossenheit der Welt im Zylinderuniversum als eine Folge der Anwesenheit einer bestimmten Menge an Materie deduzierbar und das lineare Hubble-Gesetz, das jede Verzöge-
rung oder Beschleunigung der Expansion ausschließt, wird in der SST erklärbar aus der Stationaritätsbedingung $\dot{R}(t)/R(t)$ = const, was allein mit einer de Sitter-Metrik in ihrer expo-
nentiellen Form vereinbar ist [50]. Ein Modell, sei es nun streng notwendig im Rahmen einer
Theorie oder nur die spezielle Lösung eines Systems von Feldgleichungen, liefert die Möglichkeit der Erklärung tatsächlicher Eigenschaften und gesetzmäßiger Verknüpfungen im
Kosmos, obwohl dabei die Beschränkung auf die Einzigkeit der Existenz schon durchgeführt
ist. Weder sind wir also gezwungen, einen Deskriptivismus zu befürworten, der alle globalen
Eigenschaften einfach als unerklärbaren Hintergrund lokaler Gesetzlichkeit hinnimmt, noch
ist es notwendig, zur Erklärung solcher umfassender Beziehungen uns gedanklich außerhalb
der Welt zu stellen um zu fragen, warum sie so beschaffen ist und nicht anders, bzw. warum
sie überhaupt existiert. Sowohl die Suche nach dem Grund der Existenz der Welt als auch
nach ihrem individuellen Sosein erzeugt nicht besonders tiefe, sondern müßige Fragen, weil
sie prinzipiell, d. h. aus logischen Gründen unbeantwortbar sind, es sei denn, man verläßt
hier den Boden einer naturalistischen Erkenntnistheorie und sucht Zuflucht bei metaphysischen Erklärungen, was für jeden kritischen Rationalisten aber nur das Eingeständnis des
Scheiterns seiner Erkenntnisbemühungen darstellen kann.

In einer eingehenden Analyse ist Milton K. Munitz der Frage nach dem Grund
der Existenz der Welt (GEW) in sämtlichen Spielarten nachgegangen [51]. Entscheidend ist
dabei, ob der GEW einen zwar sinnvollen, aber unentscheidbaren Satz darstellt oder völlig

---

[49] *G. Lemaître*, Un univers homogène, a. a. O., S. 59

[50] $ds^2 = dt^2 - (dr^2 + r^2 d\vartheta^2 + r^2 \sin^2\vartheta\, d\varphi^2)\, e^{\frac{2t}{T}}$, wobei $\frac{1}{T}$ die Hubble-Konstante darstellt.

[51] *M. K. Munitz*, The Mystery of Existence, New York 1965

ohne Bedeutung ist. Munitz will die Suche nach dem GEW nicht einfach durch Hinweis auf die semantische Leerheit eliminieren, sondern differenziert, indem er die Behauptung auf den gegenwärtigen methodischen Stand relativiert; der Ausdruck GEW ist zwar verständlich, aber wir kennen keinen Grund für die Existenz der Welt noch ist eine irgendwie geartete Methode denkbar, die ihn liefern könnte.

Wenn es diesen Grund gäbe, müßte er sich ausschließlich auf diese einzige Tatsache beziehen und damit eine Erklärung der Existenz der Welt liefern; ob es aber einen solchen gibt, ist eine unbeantwortbare Frage. Gerade darin besteht nach Munitz das Geheimnis der Existenz. Dieses teilweise positive Ergebnis scheint aber doch stark davon abzuhängen, was man einen „möglichen Grund" nennt, wenn sinnvoll davon gesprochen werden soll, daß ein solcher existiert, obwohl wir es nicht wissen. Er gesteht selbst zu, daß dies nicht möglich ist[52]), wenn es sich darum handelt, eine Theorie zu konstruieren oder ein Gesetz anzugeben, das die Existenz der Welt erklären soll, sondern nur in dem Sinne, wie der Grund einer *Handlung* eines bewußten Wesens schon existiert, auch dann, wenn man ihn noch nicht gefunden hat. Es ist aber wohl schwer einzusehen, warum der Zusammenhang von Motiv und Verhaltensweise auf versteckte, den menschlichen Rekonstrukteuren der *Wirklichkeitsstrukturen* unbekannte Ursachen übertragbar sein soll. Wesentlich erscheint, daß nach dem heutigen Verständnis einer wissenschaftlichen Erklärung eine Begründung, warum die Welt existiert anstatt nicht zu existieren, logisch nicht konstruierbar ist. Niemand kann es verweigert werden, die Vermutung der Existenz von Erklärungstypen auszusprechen, welche auch eine solche Aussage ableiten lassen, aber eine derartige metawissenschaftliche Annahme, obwohl durch kein logisches Argument zu verbieten, schafft durch ihren Rekurs auf die Veränderlichkeit der erkenntnistheoretischen Situation einen unfruchtbaren totalen Spielraum von Denkmöglichkeiten, da ja jede Beschränkung durch den bloßen Hinweis auf eine logisch mögliche Veränderung, auf die Erfindung neuer Erklärungsschemata durchbrochen werden kann. In diesem Sinne sollten wir, auch ohne einem metatheoretischen Dogmatismus zu verfallen, unsere Unkenntnis darüber, ob es einen GEW gibt, nicht als Geheimnis betrachten, das in irgendeiner Weise vor uns verhüllt worden ist, sondern die Existenz der Welt als ein kontingentes, nicht weiter reduzierbares Faktum hinnehmen, ohne nach dessen vermeintlich versteckten Ursachen suchen zu wollen.

---

[52]) a. a. O., S. 218

# Meßfehler, wahrer Wert und das Realismusproblem

Hubert Schleichert, Universität Konstanz

Bekanntlich sind wir im praktischen Leben alle (mehr oder weniger naive) Realisten. Und wenn wir etwas *messen*, dann wirkt sich das ungefähr wie folgt aus: Wir glauben, ganz als naive Realisten, daß es einen wahren Wert $W$ gibt, den die Meßgröße „in Wirklichkeit" hat. Aber unsere Meßgeräte liefern uns Ergebnisse, die man mit dem wahren Wert $W$ besser nicht ohne weiteres identifiziert. Die Meßwerte sind „ungenau", „gestört", „fehlerbehaftet". Der Begriff des Fehlers setzt den Begriff des Fehlerfreien voraus, wenn er sinnvoll gebraucht werden soll; oder es wird eine neuartige Definition für den Fehler-Begriff gegeben, die denselben als Abkürzung für einen relativ komplexen Tatbestand erkennen läßt.

Das Problem der Meßfehler ist wissenschaftstheoretisch kaum untersucht, es ist aber ein wichtiger Punkt in jeder höher entwickelten Theorie, denn es kennzeichnet eine der Stellen, wo vom theoretischen Vokabular zum Observationsvokabular übergegangen werden muß. Ich möchte versuchen zu zeigen, welche Probleme dabei auftreten, und welche Konsequenzen sich für den erkenntnistheoretischen Realismus ergeben. Es handelt sich allerdings um ziemlich fragmentarische Ausführungen, die vor allem als Anregungen für genauere Untersuchungen gemeint sind.

Wir sagen also, ein *Meßergebnis* kann *richtig* oder *falsch* sein. Aber diese Begriffe sind auf der Beobachtungsebene nicht anwendbar. Wir versuchen zunächst, sie durch die Begriffe eines „besseren" oder „schlechteren" Meßwertes zu erklären. Wenn man mit dem Meßgerät $M_1$ den Wert $a_1$ mißt, und mit dem Gerät $M_2$ den Wert $a_2$, wobei $a_1 \neq a_2$, und wenn ferner $a_2$ mit dem entsprechenden Meßgerät sehr häufig ermittelt wird, während $a_1$ nicht so gut *reproduzierbar* ist, dann werden wir normalerweise $a_2$ „besser" als $a_1$ nennen. Wenn man andererseits eine *Reihe von Meßwerten* gefunden hat, von denen keiner isoliert reproduzierbar ist, während die „Verteilung" der Werte in etwa reproduzierbar ist, dann nimmt man bekanntlich auch hier an, daß gewisse Werte der Verteilung besser sind als andere. Kriterien, um in diesem Falle auf der Observationsebene zwischen besseren und weniger guten Werten zu entscheiden, sind allerdings schwieriger zu formulieren und zu begründen.

Anders als für den Experimentator ist für den realistischen Erkenntnistheoretiker die Formulierung einer Definition relativ einfach. $a_2$ ist ein besserer Meßwert als $a_1$, sofern die Abweichung vom wahren Wert $W$ für $a_2$ kleiner ist als für $a_1$:

$$|W - a_2| < |W - a_1|;$$

und man nennt die Abweichung eines Meßwertes $m$ vom wahren Wert $W$ den Fehler $F$:

$$F = W - m.$$

Beides sind allerdings Formeln, die einer theoretischen Sprache zuzurechnen sind. Es fragt sich, was man mit ihnen auf der Observationsebene beginnen kann, d. h. wie sie semantisch zu interpretieren wären, wenn uns ausschließlich Observationsterme zur Verfügung stehen.

Prinzipiell läßt sich behaupten: die Formel $F = W - m$ wäre als Naturgesetz aufzufassen, wenn alle drei Größen unabhängig voneinander meßbar sind; sie wäre als Definition aufzufassen, wenn zwei der drei Größen meßbar sind, die dritte dagegen prinzipiell nicht unabhängig von den beiden ersten meßbar ist. Dagegen ist unklar, wie die Formel zu interpretieren ist, wenn von den drei Größen nur eine einzige, in unserem Falle $m$, meßbar ist.

Nun kennt man $W$ sicherlich nicht; hinsichtlich $F$ lassen sich aus der empirischen Kenntnis der Meßgeräte mitunter einige Aussagen deduzieren. Insbesondere spricht man von *systematischen Fehlern*; das bedeutet: aus der Kenntnis der Meßeinrichtung lassen sich durch Anwendung von bereits bekannten Naturgesetzen Aussagen ableiten, nach denen der Meßwert zunächst einmal sicherlich um einen bestimmten Betrag von $W$ abweicht. Beim klassischen Quecksilber-Barometer hängt die Anzeige zwar in erster Linie vom Luftdruck ab, daneben spielt aber auch die Temperatur eine gewisse Rolle, weil sie die Quecksilbersäule ja auch beeinflußt; die mit einem Voltmeter gemessene Spannung wird durch dieses Voltmeter selbst beeinflußt; steckt man ein kaltes Thermometer in eine warme Flüssigkeit, dann mißt man nicht die ursprüngliche Temperatur usw.

Woher weiß man von solchen systematischen Fehlern, wie sind sie zu berücksichtigen? Die Frage dürfte hintergründiger sein als es zunächst scheint. Sie involviert einen Rückgriff auf das gesamte uns derzeit verfügbare empirische Wissen. Denken wir an die Temperaturmessung mit einem großen, sehr kalten Thermometer. Um den Wert, den die Messung liefert, nachträglich zu korrigieren, benötigt man ein Naturgesetz; um dieses zu finden oder zu konfirmieren muß man Messungen durchführen. Man legt z. B. verschieden große, verschieden warme Körper in verschieden warme Flüssigkeiten und mißt, wie sich dabei die Temperatur ändert. Dazu benötigt man allerdings ein Thermometer. Natürlich ist das kein absoluter Zirkelschluß. Wir müssen genauer sagen: gesucht wird ein massefreies Thermometer; dieses wird durch ein Thermometer mit *relativ kleiner Masse* plus Korrekturformel realisiert. Die Korrekturformel wird durch Extrapolation gewonnen, indem man von immer kleiner werdenden Massen auf die Masse Null schließt.

Es besteht hier logisch eine enge Verwandtschaft zum Problem der kontrafaktualen Sätze. Hier wie dort operiert man mit der Kenntnis allgemeiner (Natur-)Gesetzlichkeiten, die auf einen konkreten Fall angewendet werden, in dem ihre Geltung prinzipiell nicht kontrollierbar ist. Aber in letzterem Umstand liegt doch auch ein bemerkenswerter Unterschied zwischen den beiden Fällen. Aus dem berechneten wahren Wert allein kann man allerdings prinzipiell keine empirischen Rückschlüsse auf die Richtigkeit des Berechnungsverfahrens ziehen; anders ist die Situation, sobald man ein anderes Naturgesetz kennt, das den berechneten Wert $W$ zu anderen Meßgrößen in Beziehung setzt. Sei dies im einfachsten Falle etwa die Formel $f(W) = W'$. Angenommen $W'$ ist ein Wert, an dessen Richtigkeit man zur Zeit aus irgendwelchen Gründen glauben darf; dann kann man feststellen, ob $W$ die obige Formel erfüllt bzw. ob ein anderer Wert dies besser tun würde. Auf diesem ziemlich indirekten Wege kann man die Auswahl eines wahren Wertes $W$, und damit die Benützung einer bestimmten Korrekturformel, die uns $W$ geliefert hat, empirisch konfirmieren

— vorausgesetzt es steht mindestens ein weiteres, nicht bezweifeltes Naturgesetz und der wahre Wert (oder ein „sehr guter Wert") einer anderen Größe zur Verfügung.

Durch die Korrektur haben wir uns also, in naiver Sprechweise, „dem wahren Wert genähert". Umgekehrt formuliert: von einem systematischen Fehler spricht man nur, wenn man schon ein Naturgesetz kennt, das eine irgendwie konfirmierbare Verbesserung der Meßwerte erlaubt. Die Verbesserung muß zwar nicht unbedingt im konkreten Einzelfall als Verbesserung empirisch nachweisbar sein — das ist praktisch nie der Fall — aber es muß doch gewichtige Motive für sie geben.

Die Suche nach solcherart eliminierbaren Störfaktoren hat bekanntlich relativ bald ein Ende. An dieser Stelle unterscheidet sich der geniale Experimentator zwar charakteristisch vom durchschnittlichen, aber auch für ersteren gibt es stets irgendwo eine Grenze. Auf diese Situation wollen wir uns jetzt beziehen, d. h. wir sprechen von Meßwerten, die bereits um alle *erfaßbaren Fehler* korrigiert sind.

Was heißt es nun eigentlich: „Das Meßgerät immer genauer machen"? Zunächst sicherlich, daß die Konstruktion so geändert wird, daß bekannte Störfaktoren ausgeschaltet oder berechenbar sind; dies aber ist lt. Voraussetzung bereits geschehen. Angenommen nun, es wird mit einem Zeigermeßgerät $M$ gemessen; angenommen weiter, man macht an $M$ den Zeiger immer dünner und liest die Werte mit Hilfe von immer stärkeren Lupen auf einer immer feiner unterteilten Skala ab. Der Meßwert wird, sagen wir, um 3 Dezimalstellen *länger* — wird er auch um 3 Dezimalstellen *genauer*? Tatsächlich benützt man nicht selten optische Methoden, um Meßwerte genauer ablesen zu können, eine *gewisse Steigerung* der Genauigkeit wird in der Praxis also auf diese Weise erzielt. Ad infinitum geht diese Methode aber nicht; wo liegt die Grenze zwischen einer echten Genauigkeitssteigerung und einer empirisch unbrauchbaren bloßen Verlängerung der Stellen hinter dem Dezimalpunkt des Meßwertes?

Nennen wir einen solcherart „verlängerten" Wert einen „Supermeßwert" *sm*. Wenn *sm* vollständig *reproduzierbar* ist, dann fühlt sich der Experimentator meist ziemlich sicher. Die Sicherheit ist motiviert erstens aus sehr allgemeinen Gleichförmigkeitsüberlegungen („es ist höchst unwahrscheinlich, daß sich ein so genaues Resultat rein zufällig so oft reproduzieren läßt"), und andererseits aus der Kenntnis derjenigen Größen, die der Experimentator bewußt konstant hält („es ist höchst unwahrscheinlich, daß andere, den Wert eventuell beeinflussende Größen rein zufällig auch die ganze Zeit konstant geblieben sind"). Eine absolute Gewißheit über die Güte eines Meßwertes gibt es natürlich nicht. In vielen Fällen erweist sich die Güte eines Meßwertes erst durch seine Anwendung in Naturgesetzen. Ist der Meßwert Anfangsparameter irgendeines Gesetzes, dann läßt sich ein späterer Zustand umso genauer prognostizieren, je genauer der Anfangsparameter bekannt ist. Will man dies zur Kontrolle der Genauigkeit der Meßwerte benützen, dann muß man allerdings auch den Endzustand hinreichend genau messen können, und außerdem muß man sicher sein, daß das Naturgesetz (insbesondere die darin evtl. auftretenden Koeffizienten!) genau stimmt. Es ist also eine recht komplexe Situation, die historisch vielleicht oft dazu verleitet hat, Gesetze beizubehalten, die nicht ganz exakt sind, und Meßwerte, die nicht genau hineinpassen, zu verwerfen. Immerhin verläuft die Geschichte der Physik nicht immer genau nach dem Schema von *Thomas S. Kuhn; St. Jaki* (*"The Relevance of Physics"*, *1956*) hat eine Reihe von konkreten Beispielen dargestellt, in denen gerade eine Steigerung der Meßgenauigkeit zu wesentlichen Fortschritten der Physik geführt hat.

Normalerweise erhält man allerdings gar keinen reproduzierbaren Einzelwert. Jede Messung liefert etwas andere Werte, die man zunächst nur einfach zur Kenntnis nehmen kann. Es tritt nun das Problem auf, aus der Tabelle der Meßwerte einen möglichst „guten" oder „wahrscheinlichen" Wert zu berechnen. Dabei ergeben sich mindestens zwei Fragenkomplexe: 1. die Auswahl eines Berechnungsverfahrens samt zugehöriger „Begründung". 2. Die Frage, inwieferne ein Supermeßwert gegenüber einem gewöhnlichen Meßwert sozusagen ernstzunehmen ist, d. h. ob man sich von der größeren Anzahl angebbarer Stellen, die $sm$ enthält, beeindrucken lassen darf.

Nennen wir die erste Frage diejenige nach der Auswahl eines *Mittelwertes* im weitesten Sinn. Sie ist wieder verknüpft mit kontrafaktualen Überlegungen. Hätte man ein noch genaueres Meßgerät, dann könnte man vielleicht nachmessen, ob die Mittelwertberechnung einen guten Wert geliefert hat. Aber laut Voraussetzung ist ein solches Meßgerät nicht greifbar. Nach der Theorie kontrafaktualer Sätze ist klar, daß hier irgendwelche allgemeinen Sätze erforderlich sind, deren Geltung akzeptabel ist, auch wenn sie im konkreten Anwendungsfall nicht verifizierbar ist. Diese Rolle spielen gewöhnlich die „Fehlerannahmen", die zur Begründung einer Mittelwertberechnung gemacht werden. Die simpelste Fehlerannahme ist die Zufallsannahme: die Fehler verteilen sich „zufällig" um den wahren Wert.

Eine solche Annahme läßt sich aus deterministischen Gesetzen allein niemals herleiten. Solche Gesetze besagen nur: wenn die Störgrößen den und den Wert haben, dann weicht der Meßfehler um den und den Betrag vom wahren Wert ab. *Daß* sich die Störgrößen aber nach irgendeinem Gesetz verteilen (z. B. nach einem Gesetz, das die Anwendung des arithmetischen Mittels rechtfertigen würde), läßt sich nicht deduzieren. (*B. Juhos* hat wiederholt darauf hingewiesen, daß solche Deduktionen zu einem regressum ad infinitum führen würden; vgl. z. B. *Stud. Generale 13 (1960) S. 267—278* und *Phil. Naturalis 6 (1961) S. 391—410*).

„Zufällige" Fehler sind also systematische Fehler, deren Systematik man nicht kennt oder nicht konkret in Rechnung stellen kann. Aus dem Nichtwissen macht man das Prinzip der Zufallsverteilung. Das ist wohl der Hauptgrund für die Anfechtbarkeit aller „Begründungen" für irgendein Verfahren zur Bestimmung eines Mittelwertes. — Es soll noch kurz erwähnt werden, daß man z. B. die *Benützung des arithmetischen Mittels* auch mit bloß formalen Prinzipien, d. h. mit Überlegungen über die wünschenswerten Eigenschaften des Mittelwertes, motivieren kann, ohne daß der Zufall ins Spiel gebracht werden muß. *W. Bos* (*Zur Axiomatik des Arithmetischen Mittels, Konstanzer Universitätsreden, 1972*) hat z. B. gezeigt, daß sich das arithmetische Mittel als Berechnungsmethode eindeutig ergibt, wenn man von der (zunächst noch unbestimmten) Methode zur Berechnung eines Mittelwertes aus vielen Einzelwerten folgendes verlangt:

1. Der Mittelwert $M$ soll nicht von der Reihenfolge abhängen, in der die Einzelwerte in das Berechnungsverfahren eingehen.
2. Verschieben sich alle Einzelwerte um denselben Betrag, dann soll sich auch $M$ um diesen Betrag verschieben.
3. Ändern sich alle Einzelwerte um denselben Faktor (z. B. bei Einführung einer neuen Maßeinheit!), dann soll sich auch der Mittelwert um denselben Faktor ändern.

4. Ein schon bestimmter Mittelwert soll *einfach* mit einem nachträglich hinzukommenden Meßwert zu einem neuen Mittelwert zu vereinigen zu sein. Es soll eine Berechnung von $M$ aus n Einzelwerten dasselbe ergeben, wie eine Berechnung, die zunächst aus $n-1$ Werten das Mittel $M'$ liefert, und dann aus $M'$ und dem n.ten Wert das Mittel $M''$, d.h. $M''$ soll gleich $M$ sein.

Die zweite Frage war, wie ernst man die einzelnen Ziffern eines Meßwertes zu nehmen hat. Wenn man ein Meßgerät besitzt, das für eine bestimmte Größe Werte zwischen 100 und 120 liefert — welche Bedeutung hätten hier die Tausendstel in dem Wert 110,157? Man kann die Frage auch so formulieren: wie unterscheidet man zwischen einer echten Verbesserung des Meßgerätes und einem willkürlichen Anhängen von Dezimalstellen an die Meßwerte? Erfahrungsgemäß liefert wiederholtes Messen derselben Größe praktisch niemals ein-und-denselben Wert, sondern eine Tabelle von verschiedenen Werten. Es wäre deshalb unzweckmäßig, als Kriterium für die „Seriosität" eines Meßwertes ohne weiteres dessen Reproduzierbarkeit zu postulieren. Reproduzierbar sind nur gewisse *Eigenschaften der Tabelle*, im einfachsten Fall der aus ihr berechnete Mittelwert. Aber auch letzterer ist nicht im streng mathematischen Sinne reproduzierbar — nur sollten seine Schwankungen geringer sein als die der Einzelwerte. Man kann sich nun durchaus vorstellen, daß die — im eben beschriebenen Sinne — reproduzierbaren Tabelleneigenschaften durch ein Anhängen von Dezimalstellen ziemlich unverändert bleiben. Das weist darauf hin, daß die Frage nach der Seriosität durchaus noch einer eingehenderen Untersuchung bedarf.

Mit der eben angeschnittenen Frage hängt noch das Problem zusammen, inwieferne der Begriff „Widerspruch" auf Meßwerte angewendet werden kann. Dieser Begriff ist bekanntlich klar definiert nur im theoretischen System der Logik. Er wird aber gerne auch wissenschaftstheoretisch benützt: Theorien „widersprechen" einander, ein Meßwert „widerlegt" manchmal eine Theorie. Es wäre eine lohnende Aufgabe, einmal genauer zu untersuchen, unter welchen — offenbar vom Gesamtsystem der Erkenntnis bestimmten — Bedingungen man zweckmäßigerweise Meßwerte als einander widersprechend bezeichnen sollte. Widersprechen sich z. B. die Angaben: „Hans ist 168 cm groß" und „Hans ist 169 cm groß"?

Kommen wir zum erkenntnistheoretischen Realismus zurück! Verliert nicht aufgrund der obigen Überlegungen der „wahre Wert" immer mehr an naivem Realitätsbezug, so daß es letztlich gleichgültig wird, ob man ihn als real oder fiktiv ansieht? Und da wir möglicherweise zwischen solchen Thesen prinzipiell nicht entscheiden können — handelt es sich dann nicht überhaupt um ein Scheinproblem?

Ich halte es für besser, die Situation folgendermaßen zu charakterisieren: Die Sprechweise vom „wahren Wert" ist keine These, sondern eine Abkürzung für einen Komplex aus vielerlei Erfahrungen einerseits, Anforderungen an das theoretische System andererseits. Der „wahre Wert" ist ein theoretischer Begriff, woraus folgt: es gibt für ihn kein einfaches empiristisches Sinnkriterium, sondern nur mehr oder minder einleuchtende Zuordnungsregeln.

Eine simple — nicht notwendig die beste — Zuordnungsregel könnte es z. B. erlauben, immer dann von einem „wahren Wert" einer Größe zu sprechen, wenn man empirisch sinnvoll *Grenzen* für diesen Wert angeben kann. Oder auch, wenn man theoretisch sinnvoll Grenzen angeben kann. Insoferne wäre es z. B. erlaubt, von Ort und Impuls eines

Atoms in einem Gas zu sprechen. Und insoferne man für mikrophysikalische Größen Grenzen angeben kann, spräche nichts dagegen, weiterhin von einem „Wert" dieser Größen zu reden. In jedem Falle ist also der Meßwert, der in der Wissenschaftstheorie irgendwie den Zusammenhang zwischen theoretischem und Beobachtungssystem herstellen soll, selbst ein ziemlich theoretischer Begriff.